"十三五"江苏省高等学校重点教材（编号：2020-2-288）

海洋地球化学

李 玉 编著

河海大学出版社
·南京·

内容简介

本书较为系统地论述了化学组分在海洋中的含量、组成、分布、存在形式和物理-化学性质、运移变化规律等，及其与海洋化学资源开发相关的海洋-生物-地球化学过程。体系从均相水体发展到多相界面（如海-气界面、海水-沉积物界面、悬浮体-海水界面、河水-海水界面）等复杂体系。本书融入了学科发展的新内容，体现了学科交叉的特点。

图书在版编目(CIP)数据

海洋地球化学 / 李玉编著. — 南京：河海大学出版社，2023.8(2024.5重印)
ISBN 978-7-5630-7895-0

Ⅰ.①海… Ⅱ.①李… Ⅲ.①海洋地球化学 Ⅳ.①P736.4

中国国家版本馆CIP数据核字(2023)第127446号

书　　名	海洋地球化学 HAIYANG DIQIU HUAXUE
书　　号	ISBN 978-7-5630-7895-0
责任编辑	成　微
特约校对	徐梅芝
封面设计	张世立
出版发行	河海大学出版社
地　　址	南京市西康路1号(邮编:210098)
电　　话	(025)83737852(总编室)　(025)83722833(营销部)
经　　销	江苏省新华发行集团有限公司
排　　版	南京布克文化发展有限公司
印　　刷	广东虎彩云印刷有限公司
开　　本	718毫米×1000毫米　1/16
印　　张	10.5
字　　数	172千字
版　　次	2023年8月第1版
印　　次	2024年5月第2次印刷
定　　价	39.00元

前言

海洋地球化学是研究海洋中化学物质的含量、分布、形态、转移和通量的学科,是地球化学的一个分支,是地质学、海洋地质学、海洋学和海洋化学相结合而形成的边缘科学,它集中研究海洋环境下的各种地球化学作用过程和在这些过程中化学元素的行为规律和自然历史。随着科学技术的进步和海洋调查与科学研究的广泛开展,海洋地球化学积累了许多重要成果,得到了很大发展。本教材的编写目的是,适应新时期应用型培养目标的专业设置,让学生既可以深入浅出地学到海洋地球化学领域传统的理论知识,又可以接触前沿知识,培养具备一定的海洋信息技术开发应用与研究能力的本科应用型创新人才。

海洋地球化学的内容非常广泛丰富,本书并未全面铺开介绍,而从知识学习和能力培养的规律出发,构建了本书的内容和体系。本教材的编写特色如下:1. 强化基础知识点,兼顾学生背景,注意专业知识深度和广度的结合,注重知识的系统性和新颖性;2. 更新前沿性知识点,特别是专业发展动态,体现知识点的应用性、实用性、综合性、先进性和研究性。本书共有 10 章。第 1 章为绪论;第 2 章主要介绍海洋的形成和海水的化学组成;第 3 章主要介绍海水中的常量元素;第 4 章主要介绍海水中的气体;第 5 章主要介绍海水中的营养盐;第 6 章主要介绍海洋中的微量元素和海洋重金属污染;

第7章主要介绍海洋有机物和海洋生产力;第8章主要介绍海洋同位素化学;第9章主要介绍海洋界面化学;第10章主要介绍海水化学资源的综合利用。本教材由李玉教授组织编写,张瑞副教授、张存勇副教授和田慧娟高级实验师对部分章节的编写提供了支持和帮助。研究生王亚洲、马聪、阮澳文、李奇龙参与了图表的编辑和校改。

  本教材得以顺利出版要特别感谢"十三五"江苏省高等学校重点规划教材项目资助,本书编写过程中借鉴和吸取了多位作者的著作精华,在此一并表示感谢。

  由于编者水平有限,在取材和论述上的疏漏之处敬希得到大家的批评和指正。

编著者

2023 年 8 月 3 日于连云港

目录

第1章 绪论 ······ 001
  1.1 海洋地球化学的定义及特点 ······ 001
  1.2 海洋地球化学调查 ······ 004
    1.2.1 全球海底沉积物地球化学调查进展 ······ 004
    1.2.2 全球海底岩石地球化学调查进展 ······ 005
    1.2.3 全球海底矿产资源地球化学调查进展 ······ 005
    1.2.4 海洋水体地球化学调查进展 ······ 005
  1.3 海洋地球化学进展 ······ 006
    1.3.1 海洋同位素地球化学研究 ······ 006
    1.3.2 海洋元素的循环和示踪技术的研究 ······ 007
    1.3.3 短周期气候变化和突变事件的研究 ······ 007
    1.3.4 海底矿产资源的研究 ······ 007
  思考题 ······ 008

第2章 海洋的形成和海水的化学组成 ······ 009
  2.1 海洋的形成 ······ 009
  2.2 海水的化学组成 ······ 011
    2.2.1 原始海水的化学组成 ······ 011
    2.2.2 现代海水的化学组成 ······ 012
  2.3 海洋中元素的地球化学平衡 ······ 014

2.4 海水化学组成的演化 ·· 016
　　2.4.1 水圈的化学演化 ·· 016
　　2.4.2 原始海水向现代海水的演化 ·· 017
　　2.4.3 影响海水化学组成的因素——从海洋生物地球化学
　　　　　角度来讨论 ·· 017
思考题 ·· 022

第3章　海水中常量元素 ·· 023
3.1 海水中常量元素和M-D恒比定律 ·· 023
　　3.1.1 主要成分中的阳离子 ·· 025
　　3.1.2 主要成分中的阴离子和硼 ·· 026
3.2 海水盐度和氯度 ·· 028
　　3.2.1 研究盐度的重要性 ·· 028
　　3.2.2 盐度和氯度 ·· 028
　　3.2.3 绝对盐度和实用盐度 ·· 030
　　3.2.4 海洋中盐度分布 ·· 031
思考题 ·· 033

第4章　海水中的气体 ·· 034
4.1 大气的化学组成和温室气体 ·· 035
4.2 气体在海水中的溶解度 ·· 036
4.3 大气与海洋之间的气体交换 ·· 037
4.4 海洋中的溶解氧 ·· 040
　　4.4.1 海洋中氧的来源 ·· 040
　　4.4.2 海水中氧的消耗过程 ·· 040
　　4.4.3 海洋中的无氧区 ·· 041
　　4.4.4 大洋水氧的垂直分布特征 ·· 042
4.5 海洋中的非活性气体和微量活性气体 ·· 043
4.6 海水中的二氧化碳-碳酸盐体系 ·· 045
　　4.6.1 海洋碳酸盐体系的重要性 ·· 045
　　4.6.2 海水的pH ·· 047

  4.6.3 海水的总碱度 ·········· 050
  4.6.4 总碱度的地球化学性质 ·········· 051
 4.7 海水的总二氧化碳 ·········· 052
  4.7.1 总二氧化碳（TCO_2） ·········· 052
  4.7.2 影响总二氧化碳的海洋学过程 ·········· 053
  4.7.3 海水中二氧化碳体系的化学平衡 ·········· 053
 4.8 海水中碳酸钙的沉淀与溶解平衡 ·········· 055
 4.9 海洋对人类来源二氧化碳的吸收 ·········· 057
 思考题 ·········· 059

第5章 海水中的营养盐 ·········· 060
 5.1 氮 ·········· 061
  5.1.1 海洋中氮的主要存在形式 ·········· 061
  5.1.2 海洋中的氮循环 ·········· 062
  5.1.3 海水中无机氮的含量分布与变化 ·········· 064
 5.2 磷 ·········· 066
  5.2.1 磷在海水中的存在形态 ·········· 066
  5.2.2 磷在海水中的相互转化和循环 ·········· 068
  5.2.3 海水中磷酸盐的含量分布与变化 ·········· 069
 5.3 硅 ·········· 072
  5.3.1 硅在海水中的存在形态 ·········· 072
  5.3.2 海水中硅酸盐的含量分布与变化 ·········· 073
 5.4 富营养化与赤潮 ·········· 075
 思考题 ·········· 079

第6章 海洋中的微量元素和海洋重金属污染 ·········· 080
 6.1 海水中的微量元素 ·········· 080
  6.1.1 微量元素的定义及特点 ·········· 080
  6.1.2 微量元素的输入与迁出 ·········· 082
  6.1.3 海水中微量元素的分布类型 ·········· 083
  6.1.4 影响微量元素分布的各种过程 ·········· 084

6.2 海洋中微量元素的生物地球化学 ········· 085
6.2.1 海洋中的某些微量元素 ········· 085
6.2.2 微量元素的生物地球化学 ········· 085
6.3 海洋重金属污染 ········· 089
6.3.1 海洋重金属的来源 ········· 089
6.3.2 海洋重金属的危害 ········· 090
6.3.3 重金属在海水中的迁移过程 ········· 090
6.3.4 重金属在海水中的分布特征 ········· 091
6.3.5 海洋重金属污染 ········· 091
6.4 金属腐蚀与防腐 ········· 093
思考题 ········· 095

第7章 海洋有机物和海洋生产力 ········· 097
7.1 引言 ········· 097
7.1.1 海水中有机物的含量与组成 ········· 098
7.1.2 海水中有机物对海水性质的影响 ········· 101
7.1.3 海水中有机物的特点 ········· 102
7.2 海水中的有机碳 ········· 102
7.2.1 溶解有机碳 ········· 103
7.2.2 颗粒有机碳 ········· 105
7.3 海洋中的有机磷农药 ········· 107
7.4 海洋的生产力 ········· 110
7.5 海洋中的有机物污染 ········· 112
思考题 ········· 114

第8章 海洋同位素化学 ········· 115
8.1 海洋中的稳定同位素 ········· 116
8.1.1 海水中的稳定同位素 ········· 116
8.1.2 稳定同位素在海洋学上的应用 ········· 118
8.2 海洋中的放射性同位素 ········· 120
8.2.1 海水中的放射性同位素 ········· 120

8.2.2 放射性核素衰变的基本规律 ………………………… 123
8.2.3 放射性核素在海洋研究中的应用 ……………………… 124
思考题 ……………………………………………………………… 126

第9章 海洋界面化学 … 127
9.1 海洋中的界面关系 … 128
9.2 海水的化学组成与液-固界面关系 … 131
9.3 海-气界面 … 134
9.4 海水-沉积物界面 … 135
    9.4.1 上覆水、间隙水的基本概念 … 135
    9.4.2 沉积物-海水界面的一般作用 … 135
    9.4.3 沉积物-海水界面的物质交换通量 … 136
    9.4.4 物质交换通量的实测方法 … 138
思考题 … 139

第10章 海水化学资源的综合利用 … 140
10.1 海水制盐 … 141
10.2 海水提镁 … 142
10.3 海水制溴 … 142
10.4 海水淡化 … 144
    10.4.1 蒸馏法 … 145
    10.4.2 电渗析法 … 147
    10.4.3 反渗透法 … 148
    10.4.4 冷冻法 … 149
10.5 海水提钾、提铀 … 149
    10.5.1 海水提钾 … 149
    10.5.2 海水提铀 … 150
10.6 海水的综合利用 … 152
思考题 … 153

参考文献 … 154

第 1 章　绪论

1.1　海洋地球化学的定义及特点

海洋地球化学是地球化学的一个新兴分支学科,是地质学、海洋地质学、海洋学和海洋化学相结合而形成的边缘科学,它集中研究海洋环境下的各种地球化学作用过程和在这些过程中化学元素的行为规律和自然历史。海洋地球化学研究突出海洋科学和地质科学的结合,着眼于研究海洋体系的地球化学问题和全球性地球化学问题的内在联系。

海洋地球化学是在整个海洋科学飞速发展和取得一系列重大成果的基础上产生的,在 20 世纪 60 年代就已经成熟起来。随着科学技术发展的突飞猛进,许多国家先后用先进的科学考察船、先进的仪器设备和潜水器等手段开展了规模空前的海洋调查和科学研究。它已经从少数海洋化学家仅为解决物理的或生物学的问题而进行的海水化学分析,转变为海洋化学家参与并领导世界范围的海洋考察。

海洋地球化学是研究海洋中化学物质的含量、分布、形态、转移和通量的学科。它是地球化学中以海洋为主体的一个分支,也是化学海洋学的主体。海洋地球化学的研究对象较广泛,包括主要溶解成分、溶解气体、微量元素、有机物、同位素、悬浮物、沉积物间隙水等。

1. 主要溶解成分

海水中含量大于 1 mg/kg 的 11 种化学成分包括:Na^+、K^+、Ca^{2+}、Mg^{2+}

及 Sr^{2+} 五种阳离子，Cl^-、SO_4^{2-}、Br^-、HCO_3^-（CO_3^{2-}）及 F^- 五种阴离子和主要以分子形式存在的 H_3BO_3。这些成分的总量占海水中所有溶解成分的 99.9% 以上。被河川搬运入海的岩石风化产物和火山等的喷发物，是海水主要溶解成分的主要来源。由于这些元素在海水中的含量较大，而且性质比较稳定、基本上不受生物活动的影响，各成分浓度间的比值亦基本恒定，所以又称为保守元素。

2. 溶解气体

海洋和大气有辽阔的交界面，它们之间存在各种物质交换。因此，大气层中的各种气体，不断溶入海水；海水中的溶解气体则不断逸出而进入大气。这些气体溶入或逸出海水的速率，受到富集于海洋表面的某些表面活性物质所构成的微表层的影响。研究得比较多的溶解气体，有氧气、二氧化碳等。

3. 微量元素

除常量元素以外的其他元素都可包括在微量元素这一类中。这类元素有很多，如 N、P、Si、Mn、Fe、Cu 等。这些元素与海洋植物生长有关，也就是与海洋的生物生产力有关，当其含量很低时，会影响海洋植物的正常生长。研究这些元素的分布变化规律，对海洋生物研究有重要意义。还有一些有经济价值或与生态平衡和环境保护有关的微量元素，如 Pb、Zn、Cd、Cr、Hg、As 等。微量元素在海水中的浓度非常小，仅占海水总含盐量的 0.1% 左右。然而，它们在海底沉积物、海水中固体悬浮颗粒以及海洋生物中却存在富集，输入海洋和从海洋输出的通量往往并不小。

4. 有机物

海水中有机化合物的浓度虽然不大，但是种类很多，它们对重金属在海水中的存在形式、海水微表层性质和悬浮颗粒表面性质，海洋中的生物活动及海水和海底沉积物的氧化还原状态等都有直接影响；此外，对海洋中的元素或成分的分布、迁移和通量等海洋地球化学过程也有重要的作用。

5. 同位素

同位素包括稳定同位素和放射性同位素两种。利用同一元素的稳定同位素在不同自然条件下的比值的差异，或者利用海洋中某些放射性核素的含量作为指标，可以研究各种海洋过程，判别海洋中某些物质的来源和年龄。

6. 悬浮物

海洋中的悬浮物,在河口区水中的含量最大,在大洋海水中的含量最小。它们在海洋物质的迁移中起着相当大的作用,除悬浮颗粒本身的机械搬运外,还包括水中的沉淀析出,悬浮物的分解或溶解,颗粒的絮凝,尤其是这些微小颗粒表面对海水中的化学组分的吸附,颗粒结构的转化等过程。当悬浮颗粒沉降到海底时,就逐渐形成海底沉积层,进行成岩过程。

7. 沉积物间隙水

沉积物间隙水是占据海底沉积物颗粒之间及岩石颗粒之间孔隙的水溶液,也叫孔隙水。它的化学组成与海水不同,对上覆水和沉积物的化学组分起着重要的化学交换作用,与沉积物的成岩作用有密切关系。其成分反映了沉积过程中及海水与沉积物埋藏后发生的各种变化历程。因此,沉积物间隙水的组成和海水不同。它不但随沉积的深度而异,而且有区域分布,这和海洋沉积过程、成岩过程和生物扰动有密切的关系。

海洋地球化学的主要研究内容包括:①元素或化学组分在海洋中的含量、组成、分布和通量;②元素或化学组分在海水中的存在形式及其物理-化学性质,即海水化学模型及其环境生态效应;③海洋中元素和其他物质的运移变化规律,及其与物质全球变化和海洋化学资源开发相关的海洋-生物-地球化学过程。体系从均相水体发展到多相界面(如海-气界面、海水-沉积物界面、悬浮体-海水界面、河水-海水界面)等复杂体系;研究物质也从简单元素和无机物扩展到较复杂的有机物、海洋高分子化合物、固体粒子以及海洋生物及其尸体等。

综上所述,海洋地球化学作用具有至少以下特点或特殊规律性:

(1) 海洋地球化学过程,除与化学的规律有关外,还同时受海洋水动力循环、生物循环和生物化学循环的共同制约。透光带生物对营养分的摄取,造成表层水营养元素的贫化;生物碎屑在深水的分解、重溶,造成海洋深层水营养元素浓度的提高。而海洋水动力循环则不断把富含营养分的深水带往表层以满足生物的需要。这里,制约元素活动、迁移的主要是生物作用和水动力条件,而不是单纯的化学作用。另外,海洋对绝大多数元素,特别对微量和痕迹元素来说,是远离饱和点的,它们自海水的移出不可能依靠化学沉淀作用,而是依靠上述生物作用和颗粒物质对它们的"清扫"作用。

(2) 海洋为多系统的复杂体系,海洋各系统之间、系统内部各环节之间以及海洋体系与环境之间相互依存、相互制约,形成一个彼此协调而稳定的整体。任一环节受扰动都会牵连及整个海洋体系。研究整个海洋体系的物质输入、输出通量,各个环节的物质交换、反应速率以及它们的制约因素等就成为海洋地球化学家的中心任务之一。

(3) 海洋体系的稳定态特征是海洋体系历史发展的结果,并为海洋地球化学研究提供了基点,并且是研究海洋历史演变的基本参考系。如不同地质历史时期海洋底层水温度的不同,必然会在该时期形成的生物介壳的氧同位素组成上反映出来。如今,氧同位素测温法已成为研究古海洋温度和古气候的重要手段之一,也是海洋地球化学的重要研究课题之一。

在海洋地球化学的研究中,所用的理论方法基本上来自海洋物理化学;所用的分析方法来自海水分析化学。在研究海水中的悬浮物时,往往会涉及河口化学的内容;在研究有机物时,又与海洋有机化学交织在一起。这些学科同属于化学海洋学,它们之间有着密切的联系。

1.2 海洋地球化学调查

近代分析测试水平的提升,极大地促进了海洋地球化学调查的不断深入,取样介质逐步多元化、精细化,元素、同位素等测试多手段得到综合应用,为认识全球海洋环境状况、查明海洋资源赋存潜力、揭示多圈层相互作用等提供了全新的视野和更加可靠的证据,并因此推动了海洋地球化学这一学科的形成与发展。地球化学调查在过去几十年的蓬勃发展,对推动人类社会的发展做出了巨大贡献。

1.2.1 全球海底沉积物地球化学调查进展

海底沉积物是大部分陆源入海物质、生物碎屑等的最终归宿,大量的活性物质被埋藏在其中。在微生物的作用下,沉积物中所包含的部分元素(如C、N、S等)会再循环转化为可溶态进入水体或变为气态(如甲烷)溢出,大部分物质会被矿化而永久保存于海底,海底沉积物中的元素循环对全球环境具有重要影响;另一方面,海底沉积物也是全球气候变化的最忠实记录者。因此,海底沉积物是矿产资源调查、生态环境保护、古环境/气候研究的主要对象。

1.2.2 全球海底岩石地球化学调查进展

全球大部分海域覆盖着巨厚的沉积物,岩石出露的区域主要位于洋中脊、海岛及海山区,对全球不同区域岩石地球化学特征的对比能够为进一步深入认识全球尺度岩石圈演化提供信息。基于公开的全球岩石地球化学数据,全球研究者开展了大量的构造演化、洋中脊扩张等综合研究,提升了对地球深部过程的认识,也展现了地球化学大数据对于综合研究的作用和意义。

1.2.3 全球海底矿产资源地球化学调查进展

矿产资源是社会发展的必备物资,尤其是尖端设备对稀土矿产资源的需求巨大,在陆地稀土资源储量有限、各个国家之间分布极不均匀的背景下,深海矿产资源成为各个国家争夺的焦点。根据近几十年的调查,多金属结核在全球海洋中的分布面积约 0.54 亿 km^2,约占全球海洋总面积的 15%。全球海洋富 Co 结壳中 Cu、Co、Ni 等金属的资源总量远超陆地资源储量。结核、结壳的形成与水体中元素的地球化学循环密切相关。结核、结壳中元素含量与水深、水体中元素含量的这种相关性所体现的是结核结壳的形成与大洋中元素的地球化学循环过程紧密相关性。

1.2.4 海洋水体地球化学调查进展

水体是连接陆地、大气、生物、海底沉积物、地球深部的纽带,是物质循环的重要载体,也是各种生物地球化学过程最活跃的场所,对全球地球化学循环至关重要。鉴于海洋水体地球化学条件对全球的重大影响,全球已开展了大量针对海洋水体地球化学的调查,如海洋生物地球化学与生态系统整合研究(IMBER)、上层海洋-低层大气科学研究计划(SOLAS)等具有全球影响力的大科学计划相继开展。各个国家的近海水体调查程度较高,季节性调查和连续原位监测已经成为常规操作。目前,水体中的营养盐指标是研究最早、调查最多的海洋地球化学指标之一,已经在全球重点海域建立了大量的营养盐在线连续监测站,部分国家已经实现数据实时在线公布。这些为从全球尺度了解海洋生态系统和营养元素的生物地球化学循环提供了重要依据。

鉴于目前海洋地球化学调查活动主要集中在欧美国家的近海区域,全球未有系统的地球化学测试,对资源的调查也主要以区块化的资源分布调查为主,未来的海洋地球化学调查与研究应该重点围绕以下几个方面开展:一是加强空间尺度的融合,二是开展长时间尺度观测,三是加强宏观与微观过程的结合。

1.3 海洋地球化学进展

随着科学技术发展的突飞猛进,尤其是规模空前的海洋调查和科学研究的开展,如深海钻探计划(DSDP)、国际海洋考察十年计划(IDOE)、海洋断面地球化学研究计划(GEOSECS)等,地球化学家积极参与这些调查研究,促进了海洋学、海洋化学与地球化学的结合,使得海洋地球化学这门新兴边缘学科诞生。

在海洋地球化学的研究中,微量元素、同位素、有机物、生物、海底矿产和成矿作用的地球化学研究越来越受到重视,并已萌生出海洋微量元素地球化学、海洋有机地球化学和海洋生物地球化学等学科。近几年来,随着科学技术进步和海洋调查与科学研究的广泛开展,以及古海洋学、全球变化研究的长足进展,海洋地球化学研究积累了大量的重要成果,在一些领域取得了重大的发展。

1.3.1 海洋同位素地球化学研究

1947 年,Harold Urey 提出了深海有孔虫化石氧同位素能反映古气候的变化。此后,随着气体质谱分析精度的提高和氧同位素提取、分析技术的发展以及深海钻探、大洋钻探的大规模实施,稳定同位素逐渐被应用于海洋沉积物的研究。碳同位素组成已用于判断海洋沉积中有机质的形成环境,一系列研究表明,海洋沉积中有机质的 $\delta^{13}C$(δ 值指样品的某元素的同位素比值相对于标准同位素比值的千分偏差)与海洋浮游生物一致;生物介壳中 $\delta^{13}C$ 变化已用于海水中 $\delta^{13}C$ 比值变化的指示剂,并可作为海水中营养元素浓度变化的指示剂。有关锶(Sr)同位素的研究近年来进展很快,不仅已成为研究地层学的强有力工具,而且进一步证明 Sr 同位素对诸如物质来源、大陆风化作用和气候变化等方面的研究均有重要的指示意义。钕(Nd)同位素研究近年来在沉积层年龄、物质来源和原油与生油岩的地球化学对比等方面都取得了较大的进展。

1.3.2 海洋元素的循环和示踪技术的研究

全球海洋通量联合研究是在全球尺度上研究和了解控制海洋中碳与生源要素海洋通量变化过程,估计其在大气、海底、陆架界面的交换。如碳循环和硫循环的研究在化学沉积循环研究中占重要地位。20世纪70年代兴起的古海洋学利用微量元素作为示踪剂,在研究物质来源和沉积环境方面已取得了重大的进展。微量元素与稀土元素配分模式已广泛成为研究各种地质过程的物质来源、物理化学环境的示踪体系,如油气的物质来源、形成过程,成矿物质来源与形成环境。O、S、H、N、Pb、Sr、Nd、稀有气体和稀土元素等的同位素组成的精确测定,使海洋地球化学过程的综合同位素示踪体系逐步得以完善。

1.3.3 短周期气候变化和突变事件的研究

近年来,通过对高分辨率的深海沉积、冰心、珊瑚和历史文献及近代气候记录的研究,学者们对于短时间尺度的气候突变事件有了较为深入的认识。Heinrich在研究东北大西洋深海沉积物时发现末次冰期存在多次浮冰碎屑沉积记录,该事件后来被命名为Heinrich事件,他认为这是北大西洋冰盖向南扩张造成的,并由此促进了晚第四纪短时间尺度气候波动事件的研究。

1.3.4 海底矿产资源的研究

锰结核是现代海洋中最具潜在经济价值的矿产类型之一,对其研究早已为各国所注目。在多金属的来源、结核成因、元素分布特征等方面,海洋沉积地球化学研究者做了大量研究工作。随着大洋铁锰结核调查的开展,洋底沉积物地球化学研究也取得了较大进展。

海洋热液活动对大洋地壳、沉积物和海水的地球化学性质都起着非常重要的影响作用,而且也为海底扩张理论提供了具有科学价值的依据,为人类开辟了新的资源领域。因此,该领域成为地球科学最为活跃的研究领域之一。海底热液硫化物矿床作为一种新颖的资源类型,美、法、日、加等国目前正积极进行系统研究。

天然气水合物是 21 世纪最具有开发利用前景的清洁能源。天然气水合物的地球化学特征、形成环境、找矿与勘探的海洋地球化学标志、开发与利用的海洋地球化学研究将是海洋地球化学在新世纪的重大任务。

思考题

1. 请论述海洋地球化学的研究对象及其特殊规律性。
2. 请思考海洋地球化学发展的远景及其对整个地球化学学科发展的意义。

第 2 章 海洋的形成和海水的化学组成

2.1 海洋的形成

海洋的一些重要特点包括：海水覆盖 71% 的地球，影响和控制着地球的气候。海水是热的巨大储库，它缓冲并减缓全球气温的变化。海洋和大气的环流将热量从低纬度输送到高纬度，明显影响区域和全球气候。海洋是二氧化碳的巨大储库，它从大气吸收或向大气释放二氧化碳。海洋的物理、化学、生物、地质过程等相互作用，并通过与大气、陆地的相互影响构建出我们赖以生存的地球。

冷缩说认为地球是从炽热的太阳中分离出来的熔融状态的岩浆火球。由于热胀冷缩，表面冷得快而内部冷却慢，于是外部与内部形成愈来愈大的空隙。在旋转过程中，空隙上方的岩体由于重力作用下沉，形成了深陷宽广的凹地。这就是最初的海洋。

分离说认为地球处于熔融状态时，由于太阳的引力和地球自转作用，一部分岩浆不翼而飞，形成月球，而地球上留下的"窟窿"便是太平洋洋盆。而且月球刚从地球分离出去时，地球发生强烈的震动，表面出现巨大的裂隙，这就是大西洋和印度洋最初的形成过程。但这两个假说对其后的研究和发现都不能作出正确的解释，进入了"死胡同"。

大陆漂移学说设想地球上原来只有一块完整的大陆——泛大陆，被一片汪洋"泛大洋"所包围。后来，由于天体的引力和地球的自转离心力所致，泛大陆出现裂缝,开始分裂和漂移。结果美洲大陆便脱离非洲和欧洲大陆,中间形成大西洋。非洲大陆有一半脱离亚洲,南端与印巴次大陆分开,由此诞生了印度洋。还有两块较小陆地离开亚洲和非洲大陆,向南漂移,形成了澳洲和南极洲大陆。这个有趣的假说一经问世,立即受到人们的重视。但由于当时科学水平的限制,特别是大陆漂移学说的物理机理没有得到解决,轰动一时的假设又很快没了声息。

直到20世纪60年代初,建立在当时的地球物理科学基础上的"海底扩张说"应运而生,它科学地解释了大洋地壳的形成问题,在此基础上发展起来的"板块构造学说"进一步用地球板块的产生、消亡和相互作用来解释地球的构造运动。这两个学说给"大陆漂移学说"注入了更科学的新鲜血液,以"板块理论"的形式出现,更好地解释了海洋的形成和发展问题。板块理论认为,大洋的诞生始于大陆地壳的破裂。地壳由于内部物质上涌产生隆起,在张力作用下向两边拉伸,从而导致局部破裂,形成一系列的裂谷与湖泊。现代东非大裂谷便是例子。后来大陆地壳终于被拉断,岩浆沿裂隙上涌,凝结成大陆地壳,一个新的大洋便从此诞生。

地球形成初期,火山活动持续不断,底下熔融的岩浆从地表爆发出来,释放出CO_2、N_2、CH_4、H_2和水蒸气,此为地球的脱气作用。约40亿年前,大气层中以水蒸气、CO_2为主,随着地球的继续冷却,聚集在大气中的水蒸气转化为一场持续几百万年的滂沱大雨。加上带有冰的彗星不断地落在地球上,融化形成液态水,水累积在低洼地带,逐渐形成海洋。海洋的形成时间大概在38亿年前。地球上的水大都是海洋化学家的研究范畴,见表2.1。除此以外,海洋化学的研究内容还应考虑海洋压力的效应、温度、含盐量及海洋是一个复杂及开放体系的问题。

表 2.1 地球上水的体积分配

储库	体积/($10^3 km^3$)	比例/%
海水	1 349 930	97.4
海冰	20	—
陆地冰川	27 800	2.0
湖泊和河流	225	—
地下水	8 062	0.6

续表

储库	体积/(10^3 km^3)	比例/%
水蒸气	13	—
合计	1 386 050	100

2.2 海水的化学组成

原始海水与现代海水的化学组成是不同的,见表2.2。对海水化学组成的研究,基础方法是化学分析和对海水中主要成分的测定,基础理论是化学平衡和络合平衡原理。

表2.2 原始海水化学组成和现代海水化学组成比较　　单位:%

元素	Mg^{2+}	Ca^{2+}	Na^+	K^+
30亿年前的海水	13~24	23~29	30~47	17
现代海水	10.7	3.2	83.1	3.0

2.2.1 原始海水的化学组成

研究海水的化学组成和变迁有两种方法:一种方法是"以古论今"。另一种方法是"以今论古"。"以古论今":即设想原始海水的化学物质组成,探讨原始海水经历种种过程和进行各种变化后,是如何变成现代海水的化学组成和浓度的。"以今论古":即研究现代海水样品的化学组成,假定经历种种逆过程及相应的逆反应后,提出原始海水的化学组成和浓度,证明其可行性。

自地球上海洋形成起,就进行着蒸发-冷凝构成的水循环。水对其接触的岩石进行风化,岩石变成了碎屑,元素溶于水中,由此形成了海水。

海水中的大多数阳离子组分由此而来。通过海洋中发生的各种过程,海水形成沉淀物和成岩作用等。

原始海水组成可视为由0.3 M HCl(M表示mol/L)溶液与岩石接触,溶解Ca、Mg、K、Na、Fe、Al等元素,中和后,Fe、Al等以氢氧化物沉淀,把无机物和有机物沉积到海底。

30亿年前的海水,其K浓度比现代海水高,而Na浓度比现代海水低。原因在于:玄武岩与HCl作用生成黏土矿物,它们与海水发生Na^+和K^+、

H$^+$的交换反应,结果不仅使海水的 pH 接近 8,而且使 K$^+$被黏土矿物吸附,而水中 Na$^+$浓度升高。

30 亿年前的海水,其 Mg、Ca 浓度比现代海水高。原因在于:海水变成中性后,大气中的 CO_2 进入海水并开始有 $CaCO_3$ 沉淀形成,Mg 同时也发生共沉淀,结果使海水中的 Mg、Ca 浓度逐渐降低。许多阴离子,如 F、Cl、Br、I、S、As 等,它们在海水中的含量远比从岩石溶出的要多,可能是火山、海底热液等输入的缘故。

2.2.2 现代海水的化学组成

到目前为止,地球上发现的 100 多种元素中,在海洋中已发现并经测定的有 80 多种。海洋物质主要有以下存在形态(见表 2.3):

(1) 颗粒物质:由海洋生物碎屑等形成的颗粒有机物和各种矿物所构成的颗粒无机物。

(2) 胶体物质:多糖、蛋白质等构成的胶体有机物和 Fe、Al 等无机胶体。

(3) 气体:保守性气体(N_2、Ar、Xe)和非保守气体(O_2、CO_2)。

(4) 真正溶解物质:溶解于海水中的无机离子和分子以及小分子量的有机分子。

表 2.3 海洋物质的存在形态及粒径

类别	颗粒粒径/μm
颗粒物质	$\geqslant 0.1$
胶体物质	$0.001 \sim 0.1$
真正溶解物质	$\leqslant 0.001$

实际工作中,一般以孔径为 0.4 μm 的滤膜过滤海水,被滤膜截留的称为颗粒物,通过滤膜的称为溶解物质,其中包含了胶体物质(操作性定义)。

这些元素在海水中,有些比较稳定,分布均匀,不随空间而变化,但有些却因地而异,其浓度相差可达百倍以上,这主要是受生物活动的影响。为了讨论方便起见,根据各元素在海水中的含量及其受生物活动影响的情况,其化学组成大致可分为五类:

1. 主要成分

主要成分是指在海水中浓度大于 1 mg/kg 的成分,如 Na$^+$、K$^+$、Ca^{2+}、

Mg^{2+}及Sr^{2+}五种阳离子和Cl^-、SO_4^{2-}、Br^-、HCO_3^-（CO_3^{2-}）及F^-五种阴离子以及主要以分子形式存在的H_3BO_3共11种成分，其总量占海水总盐分的99.9%。由于这些元素在海水中的含量（浓度）较大，而且性质比较稳定，基本上不受生物活动的影响，各成分浓度间的比值亦基本恒定，所以又称为保守元素。HCO_3^-和CO_3^{2-}的恒定性相比差些，它易与Ca^{2+}形成$CaCO_3$沉淀或形成过饱和溶液被生物吸收，且受大陆径流影响较大。海洋中生物光合作用吸收CO_2，代谢作用放出CO_2，对CO_2总浓度有影响，但对碳酸碱度的影响则不大。海水中Si的含量也大于1 mg/kg，但其含量受生物活动的影响较大，性质也不稳定，属于非保守元素，不包括在这一类中。

2. 营养元素（营养盐或称为生源要素）

营养元素主要是指与海洋植物生长有关也就是与海洋的生物生产力有关的元素，如N、P和Si等，这些元素含量较低，受生物活动的影响也较大，所以有时称为非保守成分。当其含量很低时，会影响海洋植物的正常生长。研究这些元素的分布变化规律，对海洋生物研究有重要意义。另外海水中一些微量元素，如Mn、Fe、Cu等与生物的生长也有密切的关系，通常称它们为微量营养元素。

3. 微量元素

微量元素包括除常量元素和营养元素以外的其他元素。这类元素种类很多，但海水中的浓度却非常小，仅占海水总含盐量的0.1%左右。然而，它们在海底沉积物、海水中固体悬浮颗粒以及海洋生物中却比较富集，输入海洋和从海洋输出的通量往往并不小。

4. 溶解气体

海水中溶有大量的气体，如O_2、CO_2、Cl_2及惰性气体等。这些气体主要来源于大气。海水通过不断运动，如大、中尺度环流，垂直对流和涡动混合流等使海洋每一处水体，在一定的历史阶段都曾位于海洋的表面并和大气进行充分的接触，使海洋与大气之间充分进行物质和能量的交换并逐步建立平衡。

5. 海洋中的有机物质

海水中的有机物，包括活的和死的生物体，悬浮颗粒有机物（如浮游动物、生物粪便、生物碎屑等）和溶解有机物。海水中的有机物除少数是由河水输入的以外，其余几乎都是海洋中活的生物体的分泌、排泄和代谢的产物,以及死亡生物体组织分解氧化的产物。它们是海洋中所固有的,还有一部分是陆地上的生物和人类活动形成的。一般根据其在海水中的存在形式划分为 3 类：①溶解有机物(DOM)；②颗粒有机物(POM)；③挥发性有机物(VOM)。

2.3 海洋中元素的地球化学平衡

元素地球化学平衡法，是指供给海水的元素量和从海水中除去的元素量之间达到动态平衡。这是研究原始海水化学组成的一种方法。

海水中化学物质的来源及其形成过程与地球的起源、海洋的形成及演变过程有关。海洋是由原生火成岩与地球内部蒸馏出来的挥发性物质反应而形成的。可表示为：火成岩＋酸性挥发性物质＋水→海水＋沉积物＋大气。海洋中大部分的阳离子和一小部分的阴离子来源于岩石的风化、溶解和火山的排出物，并由河流带入海洋；也有一部分源自海底的水热作用产物。多数阴离子元素如 F、Cl、Br、I、B、S 主要来源于挥发性物质,它们在海水中的含量远比从岩石中溶出的要多。这些成分在海洋中已相互作用好几百万年,由原始的海水组成演变成现代的海水组成,并形成现在的海水储量,同时也输送一部分给大气和海洋沉积物。海洋元素处于地球化学的动态平衡中。

CO_2 体系对海水是至关重要的。逸出的 CO_2 溶入海水,使海水因酸-碱平衡而存在化学形式如 CO_3^{2-}、HCO_3^- 等,与海洋中金属发生络合作用,使金属以较稳定的溶解形式存在于海水中。因沉淀-溶解作用、氧化-还原作用、酸-碱作用、络合作用等与海水中的常量组分和微/痕量组分反应,使原始海水的化学组成不断变化并逐渐进化成现代海水。

根据海水中元素的存留量,可以将元素大致分成四组。

第一组：Na、Mg、K、Ca、Sr,即ⅠA族(H、Li 除外)和ⅡA族(Be 除外)的元素,残留百分数为 0.8%～26%。这些元素在风化时容易溶解,性质较稳定,因此在河水和海水中含量较高。其存留百分数有一定的规律：Na (26%) > K(1%) > Rb(0.05%) > Cs(0.008%),Mg(5%) > Sr(1.5%) > Ca(0.70%) > Ba(0.000 72%)。这种情况与元素由河流转移到海洋过程中的吸附作用及元素性质有关。河水及海水中都含有悬浮物及胶体,而吸附作用的大小,对于相同电荷的离子来说,与其水合半径的大小有关,水合半径小的,更易吸附;生物对元素的迁移作用也是不可忽视的。

第二组:过剩的挥发性物质,即 Cl、Br、S、B、I,主要是ⅥA、ⅦA族元素。这类元素在海水中的存留百分数很高,为6.9%~2 727%,而其平衡差值都大于零。这说明:海水中这些元素不完全是由岩石风化供应的,另一来源是火山喷出物。火山喷出物含有这些成分,使它们在海水中逐渐增加到现存浓度。另一方面,这些元素对水溶液介质中的氧化物具有较低的亲和力,使得它们能较长久地保留在海水中。

第三组:一些存留量非常小的微量元素,包括48个元素。这些元素易被泥沙、悬浮物及胶体吸附进入沉积底层,某些元素也会通过生物作用而转移。一些含量比较大的微量元素,如 Se、Mo、As 都是以络合阴离子的形态存在于海水中,如 SeO_4^{2-}、$UO_2(CO_3)_3^{4-}$、MoO_4^{2-}、$HAsO_3^{2-}$ 等。

第四组:过渡元素中易变价的元素。主要是 Fe、Mn,海水中的氧化还原电位使其处于高价状态(Fe^{3+}、Mn^{4+}),因而易于形成水合氧化物而转移到沉积物中去,所以其存留量非常低。

综上总结:海水元素浓度的高低与存留量的大小,主要取决于元素的化学性质,另外与海水环境因素,如氧化还原电位、pH、生物活动、温度及压力等有关。这些因素的综合影响,使海水成为近于 0.5 M NaCl、近乎中性、并含有多种成分的电解质溶液。

现代海水中含量最多的元素是 H 和 O 以及 Cl、Na、Zn、Mg、Ca、S、C、F、B、Br、Al,称为常量元素,浓度水平为大于 0.05 mmol/kg。元素含量在 0.05~50 μmol/kg 的被称为微量元素。痕量元素的浓度范围为 0.05~50 nmol/kg 和小于 50 pmol/kg。

与原始海水相比,现代海水化学组成的特点如下:

(1) 海水中常量元素占总量的99%以上。

(2) 海水是电中性的。海水中正负离子的浓度相等。

(3) 海水中主要成分(Na^+、Mg^{2+}、Ca^{2+}、K^+、Cl^-、SO_4^{2-} 等)含量比值遵循恒定定律。

(4) 海水化学组成主要由下述原理调节:

①元素全球循环原理。

②化学平衡原理和相关的五大作用,即:酸-碱作用,沉淀-溶解作用,氧

化-还原作用,络合作用,液-气、液-固、气-固等界面作用。

（5）海水的 pH 是 8.0～8.2,近似中性。海水中的主要成分 H^+、Na^+、Mg^{2+}、Ca^{2+}、K^+、Cl^-、SO_4^{2-}、PO_4^{3-}、CO_3^{2-}、F^- 等,它们与海底沉积物中的矿物相平衡,海水中元素的浓度由这种平衡关系所决定。表 2.4 为海水中主要成分及其对应的矿物种类。

表 2.4　海水中的主要成分及与其对应的矿物一览表

主要成分的离子	矿物种类
钠离子（Na^+）	Na—蒙脱石
钾离子（K^+）	K—伊利石
氯离子（Cl^-）	0.5 mol/dm^{-3}（给定的）
硫酸根离子（SO_4^{2-}）	硫酸锶、硫酸钙
钙离子（Ca^{2+}）	钙十字石
镁离子（Mg^{2+}）	绿泥石
磷酸根离子（PO_4^{3-}）	OH—磷灰石
碳酸根（CO_3^{2-}）	方解石
氟离子（F^-）	F—CO_3—磷灰石
氢离子（H^+）	H_2O 及其他

2.4　海水化学组成的演化

2.4.1　水圈的化学演化

水圈是地球表层各种水体的总称,它包括海洋、河流、湖泊、冰川、积雪等地表水,地下水和大气中的水。水圈中的水在太阳辐射和重力作用下,以蒸发、降水和径流方式不断循环。在这一过程中水对岩石矿物进行着改造,使原来不稳定的矿物溶解,使元素重新活化,迁移、分异和沉淀,形成新的地表条件下稳定的矿物组合,在有利条件下形成各种矿产。另一方面,在循环过程中水不断地与岩石发生各种复杂的化学反应,改变着自己的化学组成和性质。

2.4.2 原始海水向现代海水的演化

(1) 酸-碱作用(结合溶解-沉淀作用、络合作用)。

通过蒸发-降水过程,0.5 mol·dm^{-3} HCl 溶解岩石成分,阳离子 Na、K、Ca、Mg、Fe、Al 等进入海洋(30 亿年前海水中 Ca、Mg、K 浓度大于现代海水)。

(2) 氧化-还原作用:Sillén 模型。

Sillén 模型是 Sillén 在 Goldschmidt 和 Horn 的地球质量平衡理论基础上提出的,以下述反应式表示:

$$\text{火成岩} + \text{挥发性物质} = \text{海水} + \text{沉积物} + \text{空气}$$
$$(0.6 \text{ kg}) \quad (1.0 \text{ kg}) \quad (1.0 \text{ L}) \quad (0.6 \text{ kg}) \quad (3 \text{ L})$$

此外还考虑:①存在着与各种沉积物相接触的间隙水;②光解离作用;③氢损耗到外部空间;④光合反应;⑤有机物腐烂和 O_2 的消耗等过程。

2.4.3 影响海水化学组成的因素——从海洋生物地球化学角度来讨论

从海洋生物地球化学角度来讨论影响海水化学组成的因素,是以海洋为中心,考虑海洋中生物的作用,同时将其与大陆和大气紧密联系在一起,全面考虑"海-陆-空"体系中发生的一切化学过程和规律,如图 2.1 所示。它们表

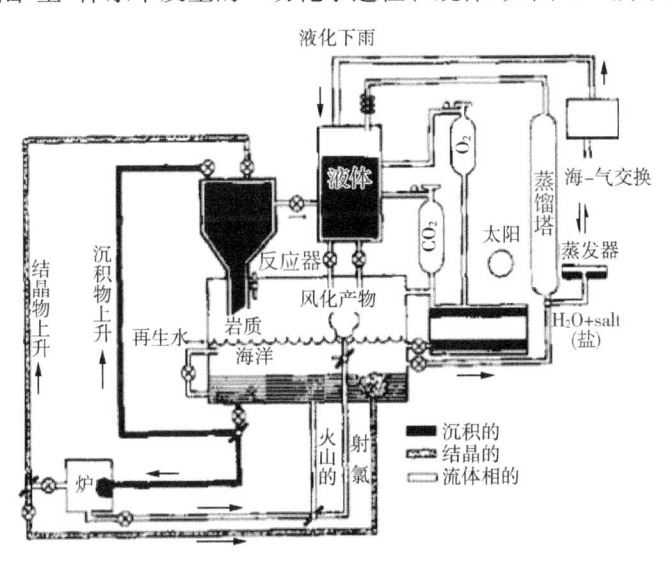

图 2.1 海洋-大陆-大气"工厂"示意图

示海洋生物地球化学过程主要分成物质之源、物质之汇及联系上述两者的海洋内部的反应。

1. 物质之源

由图 2.2 可见,向海洋输入物质之源主要有三个途径:经由河川、通过大气、来自海洋底部的热液过程。

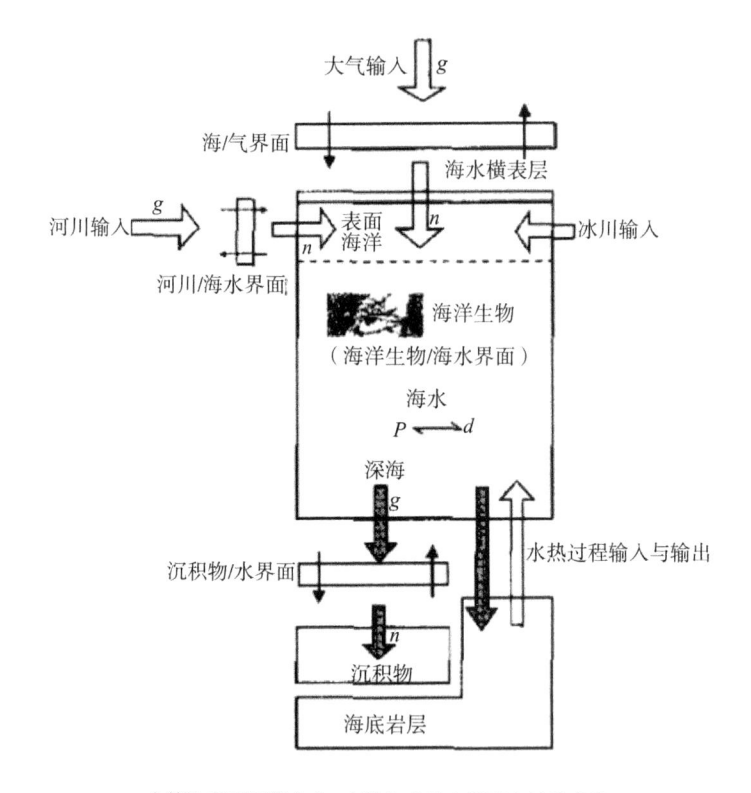

大箭头表示迁移方向,小箭头表示在界面上迁移变化

图 2.2　全球循环中"源/输入 →海水内部反应→汇/输出"路线示意图

(1) 经由河川。①河川对海洋化学组成的影响复杂。包括对常量元素和微量元素的影响。因为世界上不同河川中溶解元素的含量各不相同,因此进入各大洋的元素量也就各不相同。②河水中除元素的溶解态之外,还存在悬浮颗粒或悬浮沉积物,表 2.5 是若干有代表性的河川向海洋排放的悬浮沉积物量。表 2.6 中列出了若干河川悬浮物(RPM)中一些元素多含量,可见差别很大,它们对河口海域的海水化学组成,特别是微量元素的化学组成将有一定的影响。③河流中污染物的输入对化学组成的影响日益受到人们的重视。

表 2.5　主要河流悬浮沉积物的排放情况

河流	年悬浮沉积物排泄量/(10^6 t·a^{-1})	
	1(Holeman)	2(Meade)
黄河	1 890	1 080
恒河	2 180	1 670
长江	502	478
印度河	440	100
亚马孙河	364	900
密西西比河	349	210
伊洛瓦底江	300	265
湄公河	170	160
红河	410	
尼罗河	111	0
刚果河	64	43
尼日尔河	4	40
圣劳伦斯河	4	4

表 2.6　若干河流的河水颗粒物(RPM)中一些元素的含量　单位:$\mu g \cdot g^{-1}$

河流	元素									
	Al	Fe	Ca	Mn	Ni	Co	Cr	V	Cu	Zn
亚马孙河	115 000	55 000	16 000	1 030	105	41	193	232	266	426
科罗拉多河	43 000	23 000	34 000	430	40	17	82	—		
刚果河	117 000	71 000	8 400	1 400	74	25	175	163	—	400
恒河	77 000	37 000	26 500	1 000	80	14	71		30	163
卡尼罗河	118 000	58 000	19 500	1 700	33	39	255	150	51	874
麦凯齐河	78 000	36 500	35 800	600	22	14	85	—	42	126
湄公河	112 000	56 000	5 900	940	99	20	102	175	107	300
尼日尔河	15 6000	92 000	5 900	650	120	40	150	180	60	—
尼罗河	98 000	108 000	40 000	—					39	93
圣劳伦斯河	78 000	48 500	23 000	700	—		270		130	350

(2) 通过大气。物质经过大气转运到海洋是海洋中物质的重要之源,海洋气溶胶又是重要的途径。具体结果参见表 2.7。

表 2.7　天然的和人类的大气发射源

元素	大陆灰尘通量/(10^8g·a^{-1})	火山灰尘通量/(10^8g·a^{-1})	火山气体通量/(10^8g·a^{-1})	工业粒子通量/(10^8g·a^{-1})	化石燃料通量/(10^8g·a^{-1})	总发射通量(工业和化石燃料)/(10^8g·a^{-1})	大气干扰因素/%
Al	356 500	132 750	8.4	40 000	32 000	72 000	15
Ti	23 000	12 000	—	3 600	1 600	5 200	15
Sm	32	9	—	7	5	12	29
Fe	190 000	87 750	3.7	75 000	32 000	107 000	39
Mn	4 250	1 800	2.1	3 000	160	3 160	52
Co	40	30	0.04	24	20	44	63
Cr	500	84	0.005	650	290	940	161
V	500	150	0.05	1 000	1 100	2 100	323
Ni	200	83	0.000 9	600	380	980	346
Sn	50	2.4	0.005	400	30	430	821
Cu	100	93	0.012	2 200	430	2 630	1 363
Cd	2.5	0.4	0.001	40	15	55	1 897
Zn	250	108	0.14	7 000	1 400	8 400	2 346
As	25	3	0.10	620	160	780	2 786
Se	3	1	0.13	50	90	140	3 390
Sb	9.5	0.3	0.013	200	180	380	3 878
Mo	10	1.4	0.02	100	410	510	4 474
Ag	0.5	0.1	0.000 6	40	10	50	8 333
Hg	0.3	0.1	0.001	50	60	110	27 500
Pb	50	8.7	0.012	16 000	4 300	20 300	34 583

（3）来自海洋底部的热液过程。海洋中脊水热流的组成不仅与标准海水的组成有明显差异，而且其由洋底喷出后与海水混合过程中的氧化-还原作用、酸-碱作用和物质浓度也存在显著差异。表 2.8 为若干高温（约 350℃）热液出口处溶液的化学组成。与最后一列海水的化学组成相比，不论常量元素或微量元素都相差很大。

表2.8 若干高温(约350℃)热液出口液的化学组成

成分	NGS	OBS	SW	HG	海水
Li/(μmol·kg^{-1})	1 033	891	899	1 322	26
Na/(mol·kg^{-1})	510	432	439	433	464
K/(mol·kg^{-1})	25.8	23.2	23.2	23.9	9.79
Rb/(μmol·kg^{-1})	31	28	27	33	1.3
Be/(nmol·kg^{-1})	37	15	10	13	0.02
Mg/(mol·kg^{-1})	0	0	0	0	52.7
Ca/(mol·kg^{-1})	20.8	15.6	16.6	11.7	10.2
Sr/(μmol·kg^{-1})	97	81	83	65	87
Ba/(μmol·kg^{-1})	>15	>7	>9	>10	0.14
Al/(μmol·kg^{-1})	4	5.2	4.7	4.5	0.005
Mn/(μmol·kg^{-1})	1 002	960	699	878	<0.001
Fe/(μmol·kg^{-1})	871	1 664	750	2 429	<0.001
Co/(nmol·kg^{-1})	22	213	66	227	0.03
Cu/(μmol·kg^{-1})	<0.02	35	9.7	44	0.007
Zn/(μmol·kg^{-1})	40	106	89	106	0.01
Ag/(nmol·kg^{-1})	<1	38	26	37	0.02
Cd/(nmol·kg^{-1})	17	155	144	180	1
Pb/(nmol·kg^{-1})	183	308	194	359	0.01
pH	3.8	3.4	3.6	3.3	7.8
碱度 Alk/(meq)	−0.19	−0.40	−0.30	−0.50	2.3
NH/(mmol·kg^{-1})	<0.01	<0.01	<0.01	<0.01	<0.01

注：4个海底热液冒烟处：NGS-National Geographic Smoker；OBS-Ocean Bottom Seismormeter；SW-South West；HG-Hanging Garden。

2. 物质之汇

从海洋化学角度看，海洋中物质之汇主要是：①海洋沉积物的生成；②沉积物间隙水；③成岩作用。发生的化学作用包括沉淀-溶解平衡、络合平衡、液-固界面交换-吸附平衡。生物作用下，存在氧化-还原和酸-碱作用等。

3. 海洋中的反应

海洋中的反应是海洋化学的中心内容，其理论框架是化学平衡和化学动力学。化学平衡包括五大平衡,即酸-碱平衡、氧化-还原平衡、沉淀-溶解平衡、络合平衡、固-液界面交换-吸附平衡和其他界面作用。

除了上述五大平衡,探究海洋中元素及其化合物的运移变化规律,是研究海水化学组成变化的又一重要内容。除了海洋的流、浪、潮之外,主要是海洋中的各种"泵",包括:物理泵、溶解泵、生物泵、陆架泵、胶体泵、碳酸盐泵、硅酸盐泵等,如图2.3所示。

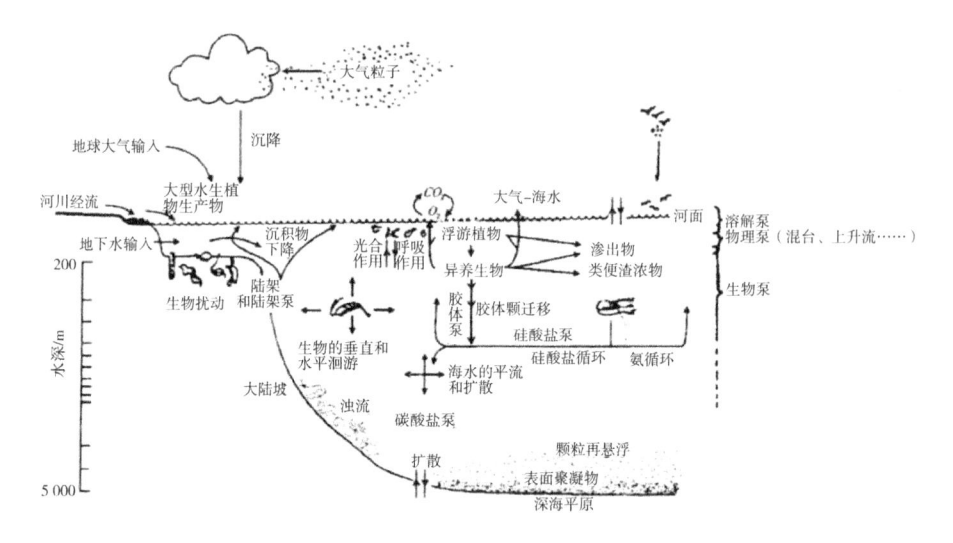

图2.3 海洋中有机物、无机物、胶体等的分布及若干个泵

思考题

1. 在海洋形成过程中,水的主要来源有哪些?
2. 海洋中挥发性物质的来源有哪些?
3. 海洋中阳离子的来源有哪些?
4. 现代海水的化学组成特点是什么?
5. 控制海水化学组成及其变化的因素主要有哪些?请用最新的文献进行论证和说明。
6. 从海洋生物地球化学角度来探讨影响海水化学组成的因素。

第 3 章 海水中常量元素

3.1 海水中常量元素和 M-D 恒比定律

海水中含有许多化学物质,到目前为止,地球上 100 多种元素中,在海洋中已发现并经测定的有 80 多种。随着分析方法和技术的改进和提高,自然界中的一些其他元素也有可能在海洋中检测到。这些元素在海洋中有的以离子、离子对、络合物或分子状态存在,有的则以悬浮颗粒、胶体以及气泡等形式存在。根据各元素在海水中的含量不同,其大致可分为五类:A 为常量元素($>$50 mmol/kg);B 为常量元素(0.05~50 mmol/kg);C 为微量元素(0.05~50 μmol/kg);D 为痕量元素(0.05~50 nmol/kg);E 为痕量元素($<$50 pmol/kg)。

本章所指的常量元素即包括 A 和 B 两类。就元素而言,包含 Na、Mg、Cl、B、C、O、F、S、K、Ca、Br、Sr 共 12 个元素,海水中溶解成分(常量离子)如表 3.1 所示,其中 O 元素在溶解成分 SO_4^{2-}、HCO_3^- 和 H_3BO_3 中出现。

表 3.1 海水中主要溶解成分(S=35)

主要溶解成分	主要存在形式	含量/(g·kg^{-1})	氯度比值	停留时间/年
Na$^+$	Na$^+$	10.76	0.555 56	8.3×10^7
Mg^{2+}	Mg^{2+}	1.294	0.066 80	1.3×10^7
Ca^{2+}	Ca^{2+}	0.411 7	0.021 25	1.1×10^6

续表

主要溶解成分	主要存在形式	含量/(g·kg^{-1})	氯度比值	停留时间/年
K$^+$	K$^+$	0.399 1	0.206 0	1.2×10^7
Sr^{2+}	Sr^{2+}	0.007 9	0.000 41	5.1×10^6
Cl$^-$	Cl$^-$	19.35	0.998 94	1×10^8
SO$_4^{2-}$	SO$_4^{2-}$、NaSO$_4^-$	2.712	0.140 00	7.9×10^6
HCO$_3^-$	HCO$_3^-$、CO$_3^{2-}$、CO$_2$	0.142	0.007 35	7.9×10^4
Br$^-$	Br$^-$	0.067 2	0.003 74	1×10^8
F$^-$	F$^-$、MgF$^+$	0.001 30	0.000 067	5.2×10^5
H$_3$BO$_3$	B(OH)$_3$、B(OH)$_4^-$	0.025 6	0.001 32	1.3×10^7

1819年Marcet报告了对北冰洋、大西洋、地中海、黑海、波罗的海和中国近海等14个水样的观测结果,发现"全世界一切海水水样,都含有相同种类的成分,这些成分之间具有非常接近恒定的比例关系。而这些水样之间只存在盐含量总值不同的区别"。1884年Dittmar分析了英国挑战者号调查船从世界主要大洋和海区采集的77个海水样品,结果证实,海水中主要溶解成分的恒比关系,即"尽管各大洋各海区海水的含盐量可能不同,但海水主要溶解成分的含量间有恒定的比值",这就是海洋化学上著名的Marcet-Dittmar恒比定律。

海水主要溶解成分之间,之所以具有恒比关系这一特点,是因为海水中的含盐量相当稳定,加上海水的不停运动,使各成分充分混合的缘故。海水组成的恒定性是海水的一个重要特征参数,对于研究海水的物理化学性质具有重要的意义。在某些海洋环境中的一些异常条件下,它们与氯度的比值有相当的变化。原因如下:

①生物的影响。上层海水中的生物在生长繁殖过程中,吸收Ca^{2+}和Sr^{2+}等溶解成分,其残体在下沉和在分解过程中逐渐将Ca^{2+}和Sr^{2+}释放于水中,其循环与海水营养盐类似。因此在深层和中层的水中,Ca^{2+}和Sr^{2+}的氯度比值大于表层水。

②径流的影响。河水的溶解成分及其含量和海水不同。例如:海水中溶解成分的含量:Na$^+$>Mg^{2+}>Ca^{2+};Cl$^-$>SO$_4^{2-}$>HCO$_3^-$(包括CO$_3^{2-}$);全世界河水中溶解成分的平均含量:Ca^{2+}>Na$^+$>Mg^{2+},HCO$_3^-$(包括CO$_3^{2-}$)>SO$_4^{2-}$>Cl$^-$。因此,河口区的海水受河水的影响,溶解成分的氯度比值发

生变化,特别是低盐海水更加明显。这些区域的海水中,Ca^{2+}、SO_4^{2-}、HCO_3^-的氯度比值常常比较高。

③结冰和融冰的影响。海水在高纬度海区结冰时,Na^+、SO_4^{2-}会进入冰晶之中,故结冰后的海水的氯度比值降低;融冰时则相反。

④溶解氧的影响。在缺氧或无氧海域,由于硫酸盐还原菌滋生,可将一些SO_4^{2-}还原成H_2S,使SO_4^{2-}的氯度比值变小。例如黑海表层水中,SO_4^{2-}的氯度比值为0.140 0,但在深2 000 m的水层中,降低为0.136 1。

⑤海底热泉的影响。在海底断裂带的裂缝处,常有海底热泉其含盐量很高。例如红海海盆中心区2 000 m深处的热泉水温为45～48℃,盐度为255～326,使附近海水中溶解成分的氯度比值和一般的海水差别很大。

此外海-气交换过程中有些挥发性及大气降水含量高的化合物可能对表层海水中某些元素产生影响。如硼,雨水中含有较高浓度的硼,可能来自表层海水$B(OH)_3$的蒸发。孔隙水中$CaCO_3$溶解、SO_4^{2-}还原、K^+等与黏土矿物离子交换、Mg^{2+}与$CaCO_3$反应等均可引起这些成分氯度比值的改变。

中国沿海的海水中,主要溶解成分的氯度比值和大洋海水基本上一致。

3.1.1 主要成分中的阳离子

1. 钠

钠离子是海水中含量最高的阳离子,1 000 g海水中平均含有10.76 g钠离子。其化学活性较低,在水体中较稳定,是海洋中停留时间最长的一种阳离子。1966年,卡尔金和考克斯对海洋中钠的测定结果显示,Na/Cl比值平均为0.555 5,标准偏差为0.000 7。钠的含量是确定了钙、镁、钾和总的阳离子含量后用差减法计算出来的。1967年,赖利和德田采用重量法测定钠的含量,即将所有碱金属以硫酸盐形式测定,钾用四苯基硼重量法测定,而后扣除钾,就得到钠的含量。陈国珍曾测过中国标准海水的Na/Cl值,南黄海的平均值为0.561 6;通过对黄渤海和北黄海的水样进行测定,渤黄海的Na/Cl值为0.561 0。

2. 镁

海水中镁的含量约1.3 g/kg(表示1 000 g海水中含有Mg 1.3 g),因此海水是提取镁的一个重要资源。镁是海水阳离子中含量仅低于钠的离子。海水中镁浓度的测定存在一定误差。卡尔金和考克斯测得的Mg/Cl比值为

(0.066 92±0.000 04),与赖利和德田测得的比值(0.066 76±0.000 7)并不完全一致。河水中 Mg/Cl 的比值较海水高,在一些受淡水影响的海水中,其 Mg/Cl 值略有升高。

3. 钙

海水中钙的平均含量为 0.41 g/kg。由于与海洋中生物圈以及碳酸盐体系有密切关系,海水中钙的含量变化相当大。钙是海水主要阳离子中停留时间最短的元素。生物需摄取钙组成其硬组织,造成海洋表层水中钙的相对含量较低。在深层水中,因为上层海水中含钙物质下沉后再溶解,以及由于压力的影响碳酸钙溶解度增加,钙的相对含量加大。碳酸钙在表层水中处于过饱和状态,而在深层水中处于不饱和状态。

4. 钾

海水中钾离子的平均含量约为 0.4 g/kg,与钙离子的含量大致相等。陆地上岩石的风化产物是海水中钠和钾的主要来源。岩石中钠的平均含量大于钾(约 6%)。岩石风化产物进入河流,河水中钾含量为钠的 36%,进入海洋后,海水中钾仅为钠的 3.6%。

5. 锶

锶是海水常量阳离子中含量最低的一种,平均含量约为 0.008 g/kg。由于钙与锶的性质相近,分离有一定的困难,早期测定结果都偏高,1950 年前测定的 Sr/Cl 值都在 0.7 左右,比近期的 0.4 约高 80%。火焰光度法的使用得到了较为可靠的结果,近年来使用原子吸收、中子活化及同位素稀释法,测定准确度有所提高,特别是同位素稀释法。

由于核反应产物 ^{90}Sr 进入海洋,故对海水中锶的研究需引起重视,需从污染的角度及作为示踪剂来了解海洋混合过程。大部分 Sr/Cl 比值在 0.40~0.42 间,但对 Sr/Cl 值是否恒定曾有争论。从几个不同区域 Sr/Cl 的垂直分布来看,其共同规律是表层有低值,这是由生物活动从表层吸收 Sr 所造成的。

3.1.2 主要成分中的阴离子和硼

1. 氯化物

多年来,海水中的盐含量是通过测定氯度确定的,氯度的定义我们将在后面详细解释。对于大洋水,氯化物与氯度的比值为 0.998 96,总卤化物

(表示为氯化物)与氯度的比值为 1.000 6。

2. 硫酸盐

海水中硫酸盐的平均含量为 2.71 g/kg。大洋中 SO_4^{2-}/Cl 都接近 0.140 0。SO_4^{2-} 的测定方法:先生成硫酸钡沉淀,然后用重量法测定。我国渤海和北黄海的 SO_4^{2-}/Cl 的比值范围为 0.139 8～0.140 5,平均为 0.140 3,与大洋值相近。

海冰中 SO_4^{2-} 的含量比形成冰的水高。由于结冰效应,北太平洋中 SO_4^{2-} 明显地在冰中富集。

SO_4^{2-} 的特性:在缺氧环境中它作为微生物(SRB)的氧源,这对 SO_4^{2-} 的地球化学行为产生极大的影响。海洋沉积物一般在表层中含氧,往下,有机质的微生物氧化作用伴随着硫酸盐的还原而生成硫化物。沉积物内部由此产生 SO_4^{2-} 的浓度梯度,结果导致 SO_4^{2-} 由海水向沉积物迁移,海水中 SO_4^{2-} 浓度出现亏损。SO_4^{2-} 亏损由高含量(相对于氯化物)的河流输入得到补充。这些过程不是区域性的,而是在全球范围内出现,又因 SO_4^{2-} 的停留时间比混合时间大得多,所以 SO_4^{2-} 对氯度比值的区域性变化影响非常小(范围小于 0.4%)。

3. 溴化物

海水中溴的平均含量为 67 mg/kg。溴在地壳中的含量仅为 3 mg/kg,是海水的 1/22。自然界的溴主要富集在盐湖及海洋中,因此海水是提取溴的重要资源。溴的测定方法主要采用 Kothoff 等的次氯酸盐氧化滴定法。此法比较方便、准确。自 1942 年起采用此法进行海水中溴的测定后,其氯度比值无太大变化。

大洋水 Br/Cl 值在 0.003 464～0.003 483 之间,明显地不随深度和位置而变化。低盐度的波罗的海中溴含量比较低,可能是这地区的河流中溴含量低的缘故。

4. 氟化物

海水中氟化物的平均含量为 1.3 mg/kg,比氯和溴小很多,但比碘含量高出近 20 倍。关于海水中氟化物的调查资料自 20 世纪 60 年代起逐渐增多,特别是镧-茜素络合剂(氟试剂)的分光光度法用于海水分析以来,进行了广泛调查;另外由于氟离子选择电极被应用于海水分析,对电位测量法及电位滴定法也做了一些研究。正常海水的 F/Cl 比值在 $(6.7～6.9)\times 10^{-5}$ 之间。

5. 硼酸

海水中的硼酸(H_3BO_3)的含量约为 0.026 mg/kg,如以硼(B)来表示则为 4.5 mg/kg。硼在表层水中的含量受到大气降水及蒸发、生物影响而有变化。海水中硼主要以 H_3BO_3 形式存在于海水中,海水中硼的氯度比值B/Cl,过去测定的变动范围为$(0.222\sim0.255)\times10^{-3}$,新测定值为$(0.232\sim0.236)\times10^{-3}$。每年由河流输入的溶解硼为 4×10^{11} g,大部分被吸附在黏土上而除去,小部分(约为总量的 1/10)可能在硅酸盐形成过程中或因含硅软泥的沉积作用从海水中迁出。

3.2 海水盐度和氯度

3.2.1 研究盐度的重要性

海水的含盐量是海水重要的基本特征之一,是影响海水物理化学性质和物理性质的重要参数,同时也是研究海洋一些水文、生物与地质过程的重要指标,因此海水含盐量的调查和研究,在海洋学上具有重要意义和作用。海水盐度是海水中含盐量的一个标度。盐度、温度、压力是研究海水的物理过程和化学过程的基本参数。海洋学上需要盐度的数据有两个主要原因:可以利用盐度的变化,来确定水团和追踪水团在海洋中的运动与混合问题;只有通过盐度和温度的测定,才能对密度进行计算。有关海水密度的数据可用于研究一些科学问题,如确定海水垂直方向上的稳定性和计算地转流的流量等。

3.2.2 盐度和氯度

1. 早期盐度定义

19 世纪,在克努森的倡导下,国际海洋学委员会总结出了盐度和氯度的定义,并给出了由氯度计算盐度的经验公式。最早的盐度定义:当所有的溴化物和碘化物被当量的氯化物所取代,并且全部碳酸盐转变成等当量的氧化物时,1 kg 海水中所含的无机盐的总克数,以 S‰表示,单位 g/kg。1902 年国际海洋学委员会规定统一的操作方法:"取一定量的海水,用 HCl 酸化以后,再加氯水,在水浴上蒸干,而后在 150℃下烘干 24 h,最后在380℃及480℃下分别烘烧48 h至恒重,得出每千克海水残留固体物的重量。"

局限性:测定盐度的方法看似简单,即将溶液蒸干,然后称重残存的盐,但由于一些无机成分的挥发性(特别是HCl)以及结晶水很难除去,因而造成操作存在很大的困难,所以实际上没有得到应用。由于测定氯度较方便,盐度的直接测定便被抛弃。

2. 氯度

根据大洋海水主要成分的恒比关系,对于大洋海水只要测定其中某一主要成分的含量,就可以相对地反映出溶解物质总量的大小,只要找出海水中氯度和盐度的关系式,便可由氯度计算海水的盐度。氯是海水中含量最高的元素,而氯含量(包括溴、碘)的测定,可用硝酸银标准溶液滴定,既方便又准确。

(1) 早期氯度的定义:在1 kg海水中,溴和碘被等当量的氯置换后,所含氯的总克数,以g/kg为单位,符号Cl‰。可以通过测定海水样品中的氯度,按Knudsen公式计算盐度:S‰=0.030+1.805 0 Cl‰。此公式由测定取自红海、挪威海、芬兰湾、波罗的海等9个水样的氯度和盐度拟合而成。

(2) 氯度重新定义。重新定义的背景:1900年人们发现Knudsen公式的缺点,即所使用的原子量(Cl、Br、I等)不够准确,因此每一次原子量的修订,都会出现氯度定义上的微小改动。基于此原因,1940年,Jacobsen 和 Knudsen重新定义了氯度:海水的氯度在数值上(以‰表示)等于刚好沉淀0.328 523 4 kg海水水样所需的原子量银的克数。

氯度滴定方法的化学反应式:

$$Ag^+ + Cl^- \longrightarrow AgCl \downarrow$$
$$CrO_4^{2-} + 2Ag^+ \Longleftrightarrow Ag_2CrO_4 \downarrow$$

铬酸钾作为指示剂,出现砖红色沉淀即为滴定终点。

Knudsen公式的缺点:

①海水组分不符合恒比关系导致上述关系式计算出来的盐度误差可达0.04‰。

②氯度滴定技术还产生20.03 Cl‰以上的误差。

③当时所取的水样多数为波罗的海的表层水,难以代表整个大洋水的

规律。

④关系式中的常数项 0.030 不符合大洋海水盐度变化的实际情况。

3. 盐度-氯度新关系式

1966 年联合国教科文组织(UNESCO)与英国国立海洋研究所合作出版的《国际海洋学用表》,提出了盐度与氯度的新关系式:S‰=1.80655 Cl‰。

新关系式和 Knudsen 公式相比的优势:在标准大洋水的盐度(35‰)下,两者是一致的;盐度在 32‰ 和 38‰ 时,偏差为 0.002 6‰;在低盐度下偏差相对较大,如在 6‰ 时,偏差为 0.025‰,因此相差不是很大。

关于盐度、氯度测定的准确度与精密度要求:测定盐度、氯度除要求数据准确,能正确反映它们同各种物理与化学性质的关系外,在许多场合还要求有较高的精密度。在海洋调查实际工作中,一般要求精密度至少为 0.02‰,即相当于四位有效数字;至于河口海区,所要求盐度精密度就不必很高,一般在 0.1‰。

4. 电导率与盐度关系式

1964 年联合专家小组精确测定了采自世界各大洋的 135 份海水水样的氯度和电导率,并根据新的盐度与氯度的关系式推算出盐度与电导率的关系式:

$$S‰ = -0.089\ 96 + 28.297\ 29K_{15} + 12.808\ 32K_{15}^2 - 10.678\ 69K_{15}^3 + 5.986\ 24K_{15}^4 - 1.323\ 11K_{15}^5 \tag{3.1}$$

式中:K_{15} 是在 15℃ 和 0.1 MPa 条件下,某一水样的电导率与 35.00‰ 标准海水电导率的比值。

但是上述公式表达的盐度存在着如下问题:①缺乏严格一致的 35‰ 盐度基准。②这一定义受海水离子组成的影响,不能精确确定海水盐度的相对变化,因而对深层海水、近岸海水及其他离子组成有明显差异的海水难以得到可靠的结果。③与此电导率、盐度相应的国际海洋学常用表,适用温度范围是 10~31℃,因此在 10℃ 以下就不能满足使用要求。

3.2.3 绝对盐度和实用盐度

1978 年使用标准 KCl 溶液标定标准海水,提出绝对盐度和实用盐度。绝对盐度:海水中溶质质量与海水质量之比,以符号 S_A 表示。实用盐度:符

号为 S。以温度为15℃,一个标准大气压下的海水样品的电导率与相同温度和压力下,质量比为 $32.435\,6\times10^{-3}$ 的 KCl 溶液电导率的比值 K_{15} 来确定的。当 K_{15} 值精确地等于1时,则实用盐度正好等于35。通过如下方程来确定实用盐度:

$$S = a_0 + a_1 K_{15}^{0.5} + a_2 K_{15}^1 + a_3 K_{15}^{1.5} + a_4 K_{15}^2 + a_5 K_{15}^{2.5} \quad (3.2)$$

式中:$a_0=0.008$;$a_1=0.169\,2$;$a_2=25.385\,1$;$a_3=14.094\,1$;$a_4=-7.026\,1$;$a_5=2.708\,1$;$a_0+a_1+a_2+a_3+a_4+a_5=35.000$,$2\leqslant S\leqslant 42$;$K_{15}=C_{(S,15,0)}/C_{KCl(32.435\,7,15,0)}$。

实用盐度与氯度定义无关,与海水组分的相对比值无关。因此,在描述海水性质时,氯度被看作是一个独立变量。实用盐度的通用标准仍用标准海水,但需用标准 KCl 标定。

盐度的测定方法:

(1) 可通过化学滴定或电位滴定的方法测定氯度,通过关系式换算盐度。

(2) 可利用离子选择性电极测定盐度。

(3) 将海水的折射率与已知盐度的标准海水进行比较,估算海水水样的盐度。

(4) 直接比重测定法。

(5) 海水电导是测定盐度最有效的实用参量。

(6) 现场盐度计。

3.2.4 海洋中盐度分布

在开阔大洋中,海水的盐度一般在32‰~37.5‰范围内变化,而世界海洋的平均盐度则为35‰。

哪些海域的盐度最高?北大西洋的平均盐度为37.9‰。红海的盐度为40‰~41‰,其中在2 000 m 深阿特兰蒂斯(Ⅱ)海渊最深处盐水层,曾测得过盐度为325‰的高值,这已经接近饱和了。

哪些海域的盐度最低?盐度最低的海域不是在大洋,而是在那些与大洋海水交换极缓慢的封闭性海域中,由于受降水和大陆径流的影响,盐度就大大降低了。据测定,黑海的盐度为15‰~23‰;波罗的海的盐度大多在

2‰~15‰之间。世界各大洋的表层海水盐度随纬度的变化最显著的特征是赤道附近盐度最低,在纬度 20°N 附近盐度最高。原因是在这两个海域带,高温和强风造成高蒸发率。赤道附近盐度最低是大量降雨和风速减弱造成的。在高纬度则因降水量超过蒸发量,而使盐度下降。

赤道表层海域为什么不是含盐量最多的区域? 一般来说,海水的盐度与蒸发量有密切的关系。但是,赤道海域尽管气温较高,有着蒸发量大的条件,然而这里暴雨频繁,降水量大大超过了蒸发量,所以赤道海域的盐度不仅不大,反而低于大洋水的平均盐度值。含盐量最高的海域是在南、北回归线附近。

世界各大洋的表层和深层海水盐度的影响因素如下:

影响表层海水盐度分布不均匀的因素主要有蒸发、降水、结冰、融冰和陆地径流的影响。

深层海水的盐度变化较小,主要受环流和湍流等物理过程的控制。

根据大洋中盐度分布的特征,可以鉴别水团和了解其运动的情况。

海洋的盐度结构:世界平均海水盐度为 35‰。由于盐度的大小取决于蒸发与降水的多少,同时与结冰、融冰、大陆径流及洋流等因素也有很大关系,故海水盐度在各个海区中分布并不均匀。如图 3.1,大洋表面的海水盐度分布有以下规律:在南北水平方向上呈马鞍形分布,赤道附近最低,南北回归线附近最高;在中纬度海区,盐度随纬度升高而降低,到高纬度海区最低。形成这种分布状况的原因是:赤道地区降水量大于蒸发量,而在南北纬 20°附近,处于信风带,天气稳定而干燥,蒸发量大大超过降水量;在高纬度海区,蒸发量有所减少,而降水量又有所增加,再加上融冰的影响,盐度降得更低。

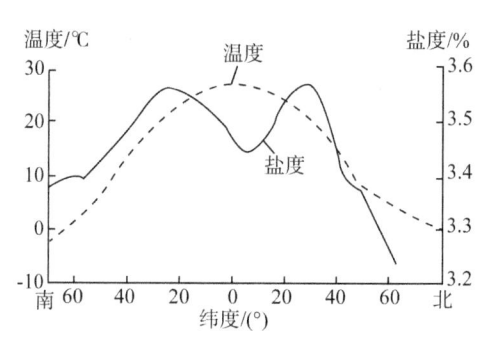

图 3.1 各大洋平均表层盐度同纬度的关系图

思考题

1. 海水中常量元素、微量元素和痕量元素是如何划分的？
2. 何为海洋中的 Marcet-Dittmar 恒比定律？在什么场合下其作用受到较大的影响？
3. 实用盐度标度与绝对盐度的区别是什么？为什么要定义实用盐度标度？
4. 盐度的测定方法有哪些？
5. 概述海洋的盐度结构。

第 4 章 海水中的气体

海水中除含有大量的无机物和有机物以外,还溶解有一些气体,如 O_2、CO_2、N_2 等。研究这些溶解气体的来源和分布对了解海洋中各种物理和化学及生物过程起着重要作用。海洋有机物的生物地球化学循环在很大程度上受控于光合作用与代谢作用之间的平衡。除生物光合作用现场产生 O_2 外,大气中 O_2 的溶解也会向海洋表层水提供 O_2。表层水溶解 O_2 能力的强弱对于深海中的生命具有重要的影响。CO_2 等气体会通过海面进行海-气交换,海洋吸收 CO_2 的能力将直接影响全球气候,而另外一些气体在海-气界面的交换将有可能影响臭氧层。气体参与了海洋生物地球化学循环的方方面面,了解这些气体组分的循环对于阐明地球环境变化机制具有重要意义。氧是海洋学中研究得最早、最广泛的一种气体,它在深海中的分布与海水运动有关,通过研究氧的分布特征可以了解海水的物理过程,如水团的划分和年龄以及运动速度等。海水中溶解氧的含量与海洋生物的活动有关,海洋植物的光合作用放出 O_2,呼吸作用消耗 O_2。因此,可以根据氧的含量估计生物的活动情况。海洋中除了 O_2 和 CO_2 会参与海水中的化学和生物反应以外,还有一些气体不参与海水的化学和生物反应,这些气体称为"保守气体"或不起反应的气体。这类气体有助于了解 He 经由海底的放射性核素输入的过程。海水中存在的一些微量气体,如 CH_4 等有助于保守气体全球性循环过程的估算。此外,海水中的一些放射性气体,如 ^3H、^3He 等可用来研究海-空界面的气体交换。同时,它们也是海水运动的气体指示剂。

海水中所溶解的气体主要来自大气、海底火山活动、海水中发生的化学反应和其他过程(例如生物过程特别是光合作用和呼吸作用、有机物的分解和放射性蜕变,以及地球化学过程等)。水循环、风化作用、光合作用、生物的腐败分解、波浪和海流等很多海洋学和海洋化学过程都与大气有关。大气与海洋相比有相似之处,例如两者都是流体,它们的大多数成分的逗留时间比地球寿命短等。

4.1 大气的化学组成和温室气体

由于海水与大气密切接触,大气中的气体与海水中的气体不断进行交换,表层海水通常与大气处于平衡或接近平衡状态。因此,海水中的溶解气体与大气的组成有关。大气中存在的气体可分成非可变成分和可变成分。非可变成分包括大气中的主要成分,如 O_2、N_2、Ar 和一些微量元素气体,如 Ne、He 等。可变成分包括水蒸气、CO、NO_2 和 CH_4、NH_3 等。可变气体多由生物过程和人类活动所产生,其含量会随其来源和排除而变化。大气中的这些气体在与海洋的表层水进行交换的过程中,有些气体可能被海洋吸收,如 CO_2;而有些气体可能由海洋向大气输送,如 CO。气体在整个海洋的均匀分布,是在海洋循环过程中由海洋的环流和涡动扩散来实现的。

大气中的某些组分浓度增加,阻止地球热量的散失,使地球发生可感觉到的气温升高,这就是有名的"温室效应"。破坏大气层与地面间红外线辐射正常关系,吸收地球释放出来的红外线辐射,就像"温室"一样,促使地球气温升高的气体称为"温室气体"。CO_2 是数量最多的温室气体,约占大气总容量的 0.03%,许多其他痕量气体也会产生温室效应,其中有的温室效应比 CO_2 还强。温室效应主要是由于现代化工业社会过多燃烧煤炭、石油和天然气,放出大量 CO_2 气体进入大气造成的。人类活动和大自然还排放其他温室气体,它们是:氯氟烃(CFC)、CH_4、低空臭氧和氮氧化物气体。地球上可以吸收大量 CO_2 的是海洋中的浮游生物和陆地上的森林,尤其是热带雨林。

水蒸气是大气中最重要的温室气体,其温室驱动效应较任何其他气体来得都要强,当它凝结成液相时,就产生了云、雾或霾,会对地球大气的辐射收支产生明显影响。大气中水蒸气的浓度一般在 0.2%~2.5%之间,在热带极端潮湿的环境中可达3%。

CO_2是人类排放的温室气体的代表,其对人为温室效应的贡献约占64%。工业革命前,大气中的CO_2含量(质量分数)为280 ppm(1 ppm=10^{-6}),现在大气中的含量已达到约370 ppm。大气中CO_2的人为来源主要包括:森林砍伐(贡献约3.5%)、其他的土地利用变化(贡献约19.1%)、煤炭燃烧(贡献约31%)、石油燃烧(贡献约31.4%)、天然气燃烧(贡献约12.9%)以及化学品制造(贡献约2%)。

工业革命前,大气中的CH_4含量为0.28 ppm,现在约为1.8 ppm,增加了5倍多;目前它的增长速度为每年0.7%,比CO_2增加得快,但其增长速度在过去10多年中不断降低;大气中CH_4的来源并不固定,其可能主要通过生物量燃烧、稻谷耕种、反刍动物肠内发酵及随后的肠内瘴气排放等,此外,煤的开采、天然气钻井及其输送以及地下垃圾发酵等也会释放CH_4。

臭氧(O_3)既有用又有害,它不仅发射长波辐射充当一种温室气体,而且能够截获和吸收太阳的紫外辐射。紫外辐射中具有显著生物效应的成分被分为三部分:315～400 nm UVA(长波紫外线)、280～315 nm UVB(中波紫外线)、100～280 nm UVC(短波紫外线)。O_3吸收的紫外线波峰在250～350 nm,它与大气颗粒和云一起将有害的UVB辐射降低至不危害地表生物的水平。

氟氯烃(CFCs)不是自然产生的,而是人类活动产生的化合物,在1950年以前几乎不存在。最常见的CFCs包括CCl_3F(CFC-11)、CCl_2F_2(CFC-12)、CCl_3F(CFC-113)和CCl_4,它们在现代大气中的浓度分别为280 pM(10^{-12}M)、503 pM、82 pM和132 pM。

由含硫燃料的燃烧和地球生物产生的还原硫组分在大气中会被氧化成H_2SO_4,进而促进云冷凝核的形成,影响大气对阳光的反照率,从而影响地球气候。海洋中的鞭毛虫、颗石藻和藻青菌等生物也会产生二甲基硫(DMS)并释放到大气中,进而促进云的形成,导致地球气候的变冷。

4.2 气体在海水中的溶解度

在现场大气压为1 atm(1 atm=101.325 kPa)时,一定温度和盐度的海水中,某一气体的饱和含量称为该温度、盐度下该种气体的溶解度。气体溶解度有以下两种表示方法。

(1) 亨利定律表示法：$c_g = K_g^{-1} p_g$。其中：c_g 为溶解度（$mol \cdot L^{-1}$）；K_g 为亨利常数（$mol \cdot L^{-1} \cdot atm^{-1}$）；$p_g$ 为气相中该气体的分压（atm）。

(2) 本生（Bunsen）系数 β 表示法：纯气体在液体中的溶解度，通常用本生系数法表示，它是在给定温度下和某一气体分压 101.325 kPa 时，能够被单位体积的液体所溶解的气体体积（S.T.P，标准状态）。气体在海水中的溶解度除了与海面上气体的分压有关以外，还与海水的温度和盐度有关。为表示气体的溶解度与温度和盐度的关系，Weiss 于 1970 年提出如下的 Bunsen 系数 β 表示的函数关系式：$\ln(\beta)_T = b_1 + b_2 S$。式中：$b_1$、$b_2$ 为特定温度条件下的常数；S 为实用盐度。

气体溶解度的数据非常重要，因为大洋水中的溶解气体偏离与大气气体的平衡为各种过程提供了有关资料。如保守气体 He、Ar 的过饱和可能与俘获的空气泡在气体交换中所起的作用有关。又如，与保守气体平衡的水中，氧的过饱和可以反映光合作用所产生的氧。上述过程的研究都需要可靠的溶解度数据。现场温度、盐度条件下，某气体在海水中的实际浓度占该气体溶解度的百分含量即为气体的饱和度，饱和度（%）＝海水中气体的观测浓度/现场条件下气体的溶解度×100%。平衡状态，气体饱和度为100%；大于100%，过饱和；小于100%，不饱和。气体在海水中偏离溶解度的原因通常与气体的非保守行为有关，即其经历的化学、生物学等过程提供或迁出该气体的速率大于其与大气平衡的速率。气体在海水中的溶解度一般随分子量的增加而升高（CO_2 例外）；随温度的升高而降低。气体在海水中的溶解度一般小于其在淡水中的溶解度。如果实测海水中气体浓度超过与大气平衡时的浓度，称为过饱和；如果二者相等，则称为饱和；否则称为不饱和。

4.3 大气与海洋之间的气体交换

气体在海-空界面上的交换：大气和海洋之间的气体交换是一种动力学过程。当气体分子以同样的速率进入或离开每一相时，这时大气与海洋处于平衡状态，气体在液相中达到了饱和。通常的情况是大气与海洋不是处于平衡状态，即气体在一种介质中的分压比在另一种介质中的分压高，气体就从高的一相进入另一相。

气体成分在海-空界面间的交换方向取决于气体在海水(P_G)和空气(p_G)中的分压差。

$p_G > P_G$：大气→海水；

$p_G = P_G$：无净交换（从大气进入海水的量＝从海水进入大气的量）；

$p_G < P_G$：海水→大气。

气体在海-空界面间的交换速率除与分压差有关外，还与气体性质、海面环境条件（气体交换系数）有关。

海-气界面上的气体交换模式有很多种，常用的有薄层模型和双膜模型。

气体交换薄层模型：气相与液相的界面上都存在一层很薄的扩散层，气体的交换速率主要取决于气体在这两个扩散层之间的扩散速度。液相扩散层是控制交换速率的主要方面。气体交换薄层模型示意图如图4.1所示。

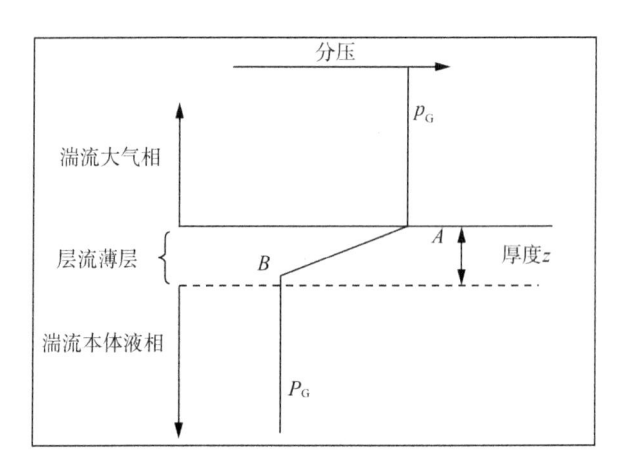

图 4.1 气体交换薄层模型示意图

这一模型包括三个区域：湍流大气相，气体分压是相同的（p_G）；湍流本体液相，分压也是相同的（P_G）；层流薄层，即将两个湍流区隔开的扩散薄层。假定相间的分压变化都发生在该薄层中，且为线性变化。气体交换是气体通过这一薄层的分子扩散。z是薄层的厚度，浓度梯度由薄层顶部和底部的浓度差估算。实际工作中，薄层顶部气体的浓度以气体的大气分压表示，薄层底部气体的浓度等于混合层的浓度。薄层越厚，气体分子于薄层运动的时间越长，气体交换速率越慢；气体分子在海水中的扩散速率（D_A）、水体温度越高，气体分子运动越快；薄层顶部和底部气体浓度的差异、浓度梯度越大,气体扩散输送越快。薄层厚度(z)一般介于 10～60 μm 之间,它们受到风速、海洋微表层的影响。风速越大,微表层越薄。此外,风速的增加通过增加海-气界面的表面积或导致气泡注入而增加交换通量。

气体交换双膜模型：不流动的薄水膜将海面上均匀混合的大气与膜下面均匀混合的表层水隔开。气体的扩散靠水膜进行。气体交换双膜模型如图 4.2 所示。

假定：①海洋上层的有关气体充分混合,分布均匀。②海洋下面的表层水中亦如此。③两充分混合层被不流动的水膜隔开。气体的扩散运动导致物质由高浓度区向低浓度区净迁移,速率与水膜厚度、气体分子通过膜的扩散速率和气-海相中浓度梯度有关。

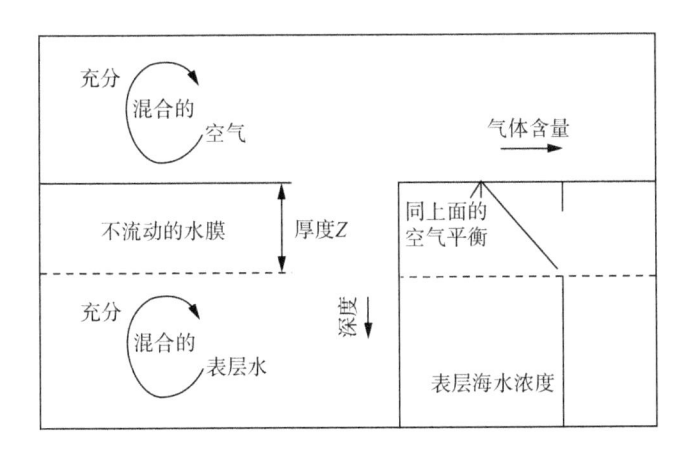

图 4.2　气体交换双膜模型

影响气体交换的因素：温度、气体溶解度、风速、季节。

温度的影响。大气与海洋间的气体交换主要决定于气体在两相中的分压差。海水温度升高或降低都会使水体中气体的分压发生变化,因而引起气体在两相间的交换。Downing 等人于 1955 年发现：CO_2 的交换速率随温度的升高而直线增加,25℃海水的交换速率大约是 5℃ 的两倍。

气体溶解度的影响。不同气体在海水中的溶解度各不相同。因此,对于某一恒定的分压差,各种气体进入海洋的扩散通量相差悬殊,例如 O_2、CO_2 和 N_2 的通量比率是 2∶70∶1。

风速的影响。Downing 等人于 1955 年研究了空气和水之间的气体交换速率。他们指出：风速在 0～3 m·s^{-1} 时,交换速率几乎保持恒定(在液体表面上方 5 cm 处测量)。而风速在 3～13 m/s 时,交换速率迅速增加。

季节的影响。进入或逸出海洋表层气体的体积随季节的变化是相当大的。Redfield 曾估计,在秋季和冬季平均约有 $30 \times 10^4 \text{ cm}^3 O_2$ 进入美国缅因湾的海洋表层,在春季和夏季却以相应的体积从海洋表面逸出。其中大约 2/5 是光合作用产生的氧,其余的是由于在温暖的水中氧的溶解度降低而逸出的。

4.4 海洋中的溶解氧

4.4.1 海洋中氧的来源

1. 大气输送

大气中的 O_2 通过海-空交换进入海洋表层,在海洋表层通过涡动扩散及对流作用,将表层的富氧水带入海洋内部及深层。

2. 光合作用

海洋真光层中植物光合作用产生的 O_2 是海洋中氧的重要来源之一。植物中的叶绿素在日光照射下,将 CO_2 和 H_2O 合成为碳水化合物,同时释放出 O_2。

光合作用与光照的深度变化。光合作用区表层海水氧饱和度可达 120%。弱光层光线暗,植物靠交换氧维持生命,光合作用不能有效进行,仅存在呼吸作用。无光层植物无法生长,生物以动物为主。

光合作用与光照的日变化。浮游植物量较大的海区,一般 14—15 时光合作用最强,溶解氧浓度最高。午夜后 2—3 时光合作用最弱,溶解氧浓度最低。

4.4.2 海水中氧的消耗过程

1. 生物呼吸

海洋中的浮游植物的呼吸作用是与光合作用的相反过程。海洋动物的呼吸作用也消耗氧气。

2. 有机物分解

海水中的有机物大部分来自生物代谢物、排泄物或生物死亡后的残体碎屑。生命活动一旦停止,有机体很快就会在细菌的作用下分解,将组成有机体的元素按比例转化为无机形式释放到海水中,消耗一部分氧。

3. 无机物的氧化作用

海洋中还原态无机物质,如 Fe^{2+}、Mn^{2+} 等可被氧化成为高价态,从而消耗氧气。但其耗氧量与有机物相比要少得多,微不足道。

在海洋某一深度,氧的产生速率恰好等于消耗速率,这一深度被称为"溶解氧补偿深度"。溶解氧补偿深度:大洋水＞近岸海水。近岸水:透明度小,补偿深度一般不超过 20 m,有的区域为 1～2 m。大洋水:为 100 m（8月）。

海水中氧的消耗量用生化需氧量(BOD)和化学需氧量(COD)表示。

BOD(Biochemical Oxygen Demand),指在有氧环境中,由微生物分解 1 dm^3 水中的有机物所需要消耗氧的量,通常以 $mg·dm^{-3}$ 表示。测定方法:平行取两份水样,一份立即测定溶解氧的含量,另一份在 20℃恒温培养箱中培养 5 d,测定其中溶解氧的含量。两次测定的差值,即为五日生化需氧量 BOD_5。

COD(Chemical Oxygen Demand)测定方法:在一定条件下,氧化 1 dm^3 水体中的还原物质所需要消耗氧的量,以 $mg·dm^{-3}$ 表示。采用重铬酸钾($K_2Cr_2O_7$)作为氧化剂测定出的化学耗氧量表示为 COD_{Cr},化学耗氧量可以反映水体受还原性物质污染的程度。水中还原性物质包括有机物、亚硝酸盐、亚铁盐、硫化物等。重铬酸钾能够比较完全地氧化水中的有机物,如它对低碳直链化合物的氧化率为 80%～90%,因此 COD_{Cr} 能够比较完全地表示水中有机物的含量。此外,COD_{Cr} 测定需时较短,不受水质限制,因此现已作为监测工业废水污染的指标。COD_{Cr} 的缺点是,不能像 BOD_5 那样表示出被微生物氧化的有机物的量而直接从卫生方面说明问题。

成分比较固定的污水,其 BOD_5 值与 COD_{Cr} 之间能够保持一定的相关关系。因而常用 BOD_5/COD_{Cr} 比值作为衡量污水是否适宜于采用生物处理法进行处理(即可生化性)的一项指标,其值越高,污水的可生化性就越强。

4.4.3 海洋中的无氧区

光合层以下,生物呼吸、有机物分解等过程使水体中的氧气不断地被消耗;另一方面,由于海水运动,又不断地向深海补充富氧水。因此,海洋深处虽然耗氧,但是并不缺氧。但是对于一些海水循环和对流混合交换受到限制的特殊海区,由于深层水中的氧气得不到补充,海水就会缺氧。像黑海、波罗的海的哥得兰海渊以及一些沿岸区域就属于缺氧区。

缺氧水的化学特征:反硝化作用(Denitrification)。反硝化作用是使 NO_3-N 消失的作用。

在缺氧水中,由于微生物作用,NO_3-N 还原为 NO_2-N,再进一步还原为 NH_3 或 N_2,使 NO_3-N 消失。此过程中的 NH_3 还能被 HNO_3 氧化为 N_2。

SO_4^{2-} 被还原为 H_2S。当海水中 NO_3^- 和 NO_2^- 被耗尽时,在硫酸盐还原菌的作用下,有机物以 SO_4^{2-} 作为氧化剂(电子受体)氧化分解,而 SO_4^{2-} 被还原为 H_2S。

氧化还原电位(Eh)低。Eh 降低导致有机物分解速度减慢,有机物倾向于积累。在缺氧区和底层沉积物中,厌氧菌大量繁殖。变价元素以低价态存在。有机物的积累导致了金属有机络合物的大量形成,使硫化物沉淀的形成推迟,金属离子的溶解度增大(增溶作用)。缺氧水中往往含有较高的 NH_3 和 H_3PO_4。

4.4.4 大洋水氧的垂直分布特征

• 表层:氧浓度均匀,氧浓度的数值与大气处于或者接近平衡。交换方式有海-空交换、风力作用混合和垂直交换。

• 次表层(真光层内):会出现氧的极大值(通常约在 50 m 以内)。这是由于光合作用产生氧的速率大于氧扩散速率,出现暂时积累。

• 真光层以下:氧含量随水深增加逐渐降低。氧消耗速率较高时会出现氧最小值层(约在 1 000 m 以内)。因为有机物分解耗氧,氧的补充速率小于真光层。

• 深层水(氧最小层以下):随深度增加溶解氧含量逐渐增加。高纬地区低温富氧水下沉补充交换所致。

区域分布。在太平洋和大西洋南纬 50°处,都有富氧的表层水下沉,形成南极中层水,它一直向北延伸,可到达南纬 20°的 800 m 深处;北大西洋北纬 60°处的表层水,下沉而成深层水,它向南运动,一直延伸至南大西洋;南太平洋在南极下沉的富氧水,至深层可向北流动而达北太平洋。这些从高纬度下沉而成的中层和深层海水,其氧含量在流动过程中都逐渐降低。总之,氧在海洋中的区域分布和海洋环流有密切的关系,加上海洋生物的分布

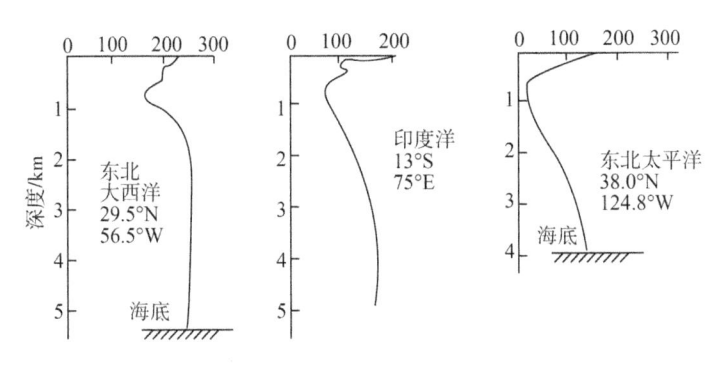

图 4.3　氧(μmol/kg)在三大洋海盆中的垂直分布

和大陆径流的影响,变得非常复杂。但就三大洋的平均氧含量来说,大西洋最高,印度洋其次,太平洋最小,如图 4.3 所示。这主要是三大洋的环流情况不同所造成的。

渤海、黄海和东海深度都比较浅,大部分处于深度不到 200 m 的大陆架海区,所以氧的分布和大洋不同,而且变化复杂。以南黄海为例:冬季海水对流强,垂直分布均匀;春季表层水开始升温,氧的溶解度变小,使氧含量逐渐降低,至夏季达极小值。表层水温的升高,还使温跃层逐渐加强,阻碍氧的扩散。故在每年 5 月至 8 月间,在南黄海温跃层之下出现氧含量的极大值,饱和度可达 120%。底层水由于有机物的分解,从春季开始,氧含量逐月降低,至 11 月达极小值。就氧含量的年平均值(12 个月的平均值)及其变化幅度而言,南黄海都以近岸为高,随离岸距离的增加而降低。就垂直分布而言,氧含量在深约 20 m 处有一极大值,而表层和底层的平均氧含量都比较低。南黄海属浅海,其氧含量因受气候和陆地的影响比较大,所以一年之中在不停地变化。

4.5　海洋中的非活性气体和微量活性气体

惰性气体和氮气通常被认为是海洋中的非活性气体,或称为保守气体。由于它们的化学性质稳定,因此,其在海洋中的分布变化主要受物理过程的影响。根据它们在海洋中的分布可了解水体的物理过程。相反,氧在海洋中的分布却受到生物过程及物理过程的影响。根据这两类气体的分布情况可估计生化过程对氧分布的影响。色谱法和质谱法等高灵敏度分析技术的应用，使该领域的研究工作不断得到提高。

海洋中溶解氮气的保守性不是很好。原因如下：生物过程可将 N_2 转化为有机氮，最终成为 NO_3^-（生物固氮）；在缺氧条件下，有机物分解过程中可能产生 N_2（反硝化作用）。因此把 N_2 视为海洋中的非活性气体不一定恰当。但是 Benson 和 Parker 1961 年通过测定大西洋海水中的 N_2/Ar，发现 N_2 的不保守性为 1‰左右，有 57% 水样的不保守性小于 0.5‰。由此看来，大洋水中的 N_2 基本上可以认为是非活性的；而对于缺氧水体来说，N_2 的确保守性不好，有机物氧化产生 N_2，使氮气的饱和度增高。

海水中的 H_2、CO、CH_4、N_2O 和 DMS（二甲基硫）等微（痕）量气体由生物或化学过程产生，一般称为"微（痕）量活性气体"或"非保守气体"。这些气体虽然含量非常少，但是在海洋科学研究中却具有非常重要的意义。

海水中 N_2O 的含量一般在 nM（10^{-9}M）量级，南太平洋 N_2O 含量为 7～12 nM，北大西洋约为 11 nM，总含量几乎是与大气 N_2O 分压平衡量的两倍，因此可以认为，海洋是大气 N_2O 的源地。根据计算，北大西洋每年向大气输送的 N_2O 量为 1×10^{13} g，太平洋东部海域向大气输送 N_2O 的通量为 0.14 pg /(cm² · s⁻¹)。海水中 N_2O 的垂直分布特征经常与溶解氧的极小值相关联，反映出海洋反硝化作用是 N_2O 产生的潜在原因。

在热带海域表层水中，CH_4 含量比较稳定，约为 1.8 nM，与大气分压接近平衡。对墨西哥湾海水中 CH_4 垂直分布的研究表明，在 40～100 m 深度存在 CH_4 的极大值。对 CH_4 水平分布的研究证明，CH_4 的极大值主要来自陆架沉积物的向上扩散。海水中的 CH_4 主要是细菌分解有机物的产物，在缺氧的条件下，细菌可能把 CO_2 或 CO 还原生成 CH_4。受到污染的沿岸水中 CH_4 的含量也较高。

CO 与人类活动具有密切关系，对大气对流层 CO 含量的观察表明，北半球大气中 CO 的分压比南半球来得高，显示人类活动是大气 CO 的一个重要来源。西北大西洋表层水中 CO 超过大气中的通常分压，因此海洋可能是 CO 的一种天然来源。海水溶解有机碳可通过光化学作用产生 CO。生物化学产生的 CO 是更重要的，生物化学反应对光强度很灵敏。据估计，由海洋向大气输送的 CO 在南、北半球分别为 6×10^{10} kg/a 和 4×10^{10} kg/a。CO 在海水中的垂直分布研究显示，表层水 CO 浓度最高，此后随深度增加而降低。

大西洋水体中 H_2 的垂直分布研究显示,H_2 浓度在真光层中出现极大值,是由于生物活动产生 H_2。

海洋二甲基硫(DMS)的产生过程及其与气候的关系:海藻摄取环境中的硫合成半胱氨酸、胱氨酸或直接合成高半胱氨酸,经高半胱氨酸进一步合成蛋氨酸;蛋氨酸经脱氨和甲基化作用形成二甲基硫丙酸(DMSP),这是 DMS 的前体;DMSP 再经酶分解就产生 DMS 和丙烯酸(最近发现紫外辐射也会促进 DMSP 的分解),化学式如下。

$$\begin{matrix}H_3C\\H_3C\end{matrix}\!\!>\!\!S^+\!-\!CH_2-CH_2-COOH \xrightarrow[UV]{OH^- \ 酶} H_3C-S-CH_3 + CH_2=\!\!=CH-COOH$$

(DMSP)　　　　　　　　　　(DMS)

DMS 广泛分布于海洋水体中,其含量与初级生产力和浮游植物的分布有关。大洋水体 DMS 主要分布在真光层,真光层下方的含量极微。

海洋中 DMS 的消除主要有三个去向:

(1) 光化学氧化海洋表层 DMS 可通过光氧化形成 SO_4^{2-}。

(2) 向大气排放。

(3) 微生物降解 DMS 可通过细菌消化降解最后也形成 SO_4^{2-}。

DMS 进入大气后,主要被 OH 自由基氧化生成非海盐硫酸盐(NSS SO_4^{2-})和甲基磺酸盐(MSA)。这些化合物容易吸收水分,可以充当云的凝结核(CCN)。形成更多的云层,从而增加太阳辐射的云反射,使地球表面温度降低,这是与温室效应相反的过程。

4.6 海水中的二氧化碳-碳酸盐体系

4.6.1 海洋碳酸盐体系的重要性

海洋中的碳主要包含于二氧化碳-碳酸盐系统中,该系统包括如下几个反应平衡:

$$CO_2(g) \rightleftharpoons CO_2(aq)$$

$$CO_2(aq) + H_2O \rightleftharpoons H^+ + HCO_3^-$$

$$HCO_3^- \rightleftharpoons H^+ + CO_3^{2-}$$
$$Ca^{2+} + CO_3^{2-} \rightleftharpoons CaCO_3(s)$$

海洋中的碳酸盐体系非常重要,因为它调控着海水的 pH 以及碳在生物圈、岩石圈、大气圈和海洋圈之间的流动,对 CO_2 温室效应的认识的不断深入更激发了人们对海洋碳酸盐体系的关注。海洋碳储库示意图如图 4.4 所示。

矿物燃料的燃烧是大气人类来源 CO_2 的最主要贡献者。森林的破坏也是大气人类来源 CO_2 增加的一个因素。森林的破坏降低了大气 CO_2 被吸收的速率,与此同时,死亡树木的分解提高了 CO_2 的产生速率,其结果是进入大气的 CO_2 的通量增加。天然和人类来源的 CO_2 随纬度而变化。如果海洋是均匀混合的,且与大气达到平衡的话,那么,绝大多数的人类来源 CO_2 应被海洋所吸收。但实际情况并非如此,海洋对 CO_2 增加的反应由于物理和化学过程的影响要慢得多。这就是一个复杂的科学问题:碳循环巨大的时空变化。

研究海洋碳体系的目的之一是弄清楚大气 CO_2 如何增加,大气 CO_2 浓度的增加如何通过影响温度来影响全球的气候。Sarmiento 于 1994 年指出,加入大气中的 CO_2 最终仍将与海洋达到平衡,只是需要较长的时间,如果加入 1 000 mol CO_2 到大气中,经过约 1 000 a 的时间后,其数量将降低到 15 mol,另外的 985 mol 将主要以碳酸氢盐或碳酸盐等无机碳形式储存于海洋中。海洋吸收 CO_2 的速率存在年际变化,在 ENSO 事件[厄尔尼诺(Niño)和南方涛动(Southern Oscillation)的合称]发生期间,海洋吸收 CO_2 速率降低。

海洋二氧化碳-碳酸盐体系的重要性:

(1) 在天然海水正常 pH 范围内,其酸-碱缓冲容量的 95% 是由二氧化碳-碳酸盐体系所贡献的。在几千年以内的短时间尺度上,海水的 pH 主要受控于该体系。

(2) 海水中 CO_2 总浓度的短期变化主要由海洋生物的光合作用和代谢作用所引起,研究海洋可以获得有关生物活动的信息。

(3) 海洋中碳酸钙沉淀与溶解的问题也有赖于对海洋二氧化碳-碳酸盐体系的了解。

(4) 大气 CO_2 浓度对地球气候有重要的影响,海洋二氧化碳-碳酸盐体

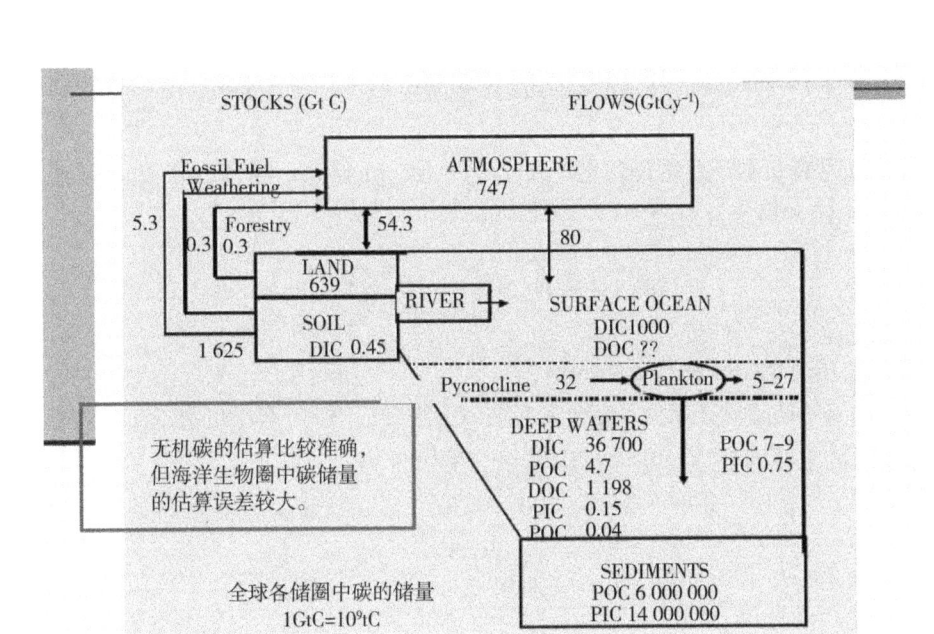

图 4.4　海洋碳储库

系是调节大气 CO_2 浓度的重要因子之一。

(5) 海洋 CO_2 储库比大气 CO_2 储库大得多，影响海洋碳储库变化的各种过程的微小变化，有可能对大气 CO_2 产生明显影响。

(6) 人类活动明显地增加了大气 CO_2 的浓度，海洋在调节大气 CO_2 的增加中起着重要作用。

4.6.2　海水的 pH

海水是一个多组分电解质的溶液体系，其中主要的阳离子是碱土金属阳离子，而阴离子除了强酸性阴离子外，尚有部分弱酸性阴离子（HCO_3^-、CO_3^{2-}、$H_2BO_3^-$ 等），由于后者的水解作用，海水呈弱碱性。海水的 pH 变化幅度不大，大洋海水的 pH 一般在 8.0～8.2 之间。表层海水的 pH 则通常稳定在 8.1±0.2，中、深层海水的 pH 一般在 7.5～7.8 之间波动。

1. pH 定义

Sørense 于 1908 年提出 pH 的定义：

pH$=-\log a_{H^+}\approx-\log[H^+]$。即氢离子活度（$a_{H^+}$）的负对数。对于无限稀释的溶液，氢离子活度约等于氢离子浓度$[H^+]$。

海水pH的测定一般用电位法,以玻璃电极为指示电极,甘汞电极为参比电极。

常用的pH标准缓冲溶液(pH_s)为0.05 mol/dm³邻苯二甲酸氢钾溶液,其pH与温度(t)有关：

$$pH_s = 4.00 + \frac{1}{2} \times \left(\frac{t-15}{100}\right)^2 \tag{4.1}$$

2. 海水的pH及其影响因素

海水pH变化不大,一般在8左右,如图4.5。但仍有小的变化,影响海水pH的主要因素是海水无机碳体系与生物活动。

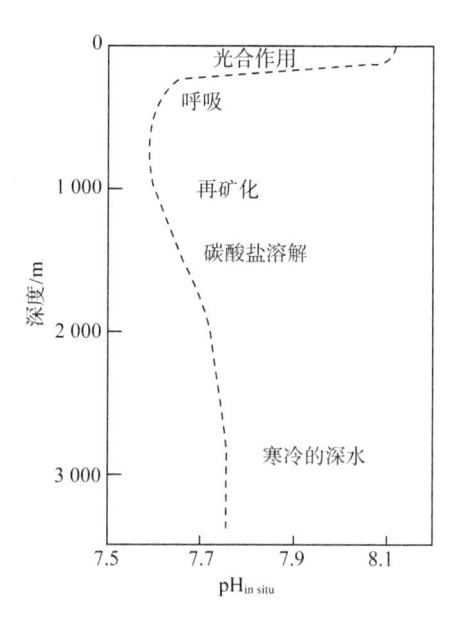

图4.5 开阔大洋水pH的典型垂直分布

4.6.2.1 无机碳体系对海水pH的影响

海水pH及其变化与海水的无机碳体系平衡有关,而该平衡与温度、盐度、压力、无机碳各组分含量等的变化相关。

(1) 温度的影响:当温度升高时,由于电离常数变大,导致海水pH降低。温度对海水pH影响的校正公式如下:

$$pH_{t_2} = pH_{t_1} - \alpha(t_2 - t_1) \tag{4.2}$$

式中：t_1 为测定温度（℃）；t_2 为现场温度（℃）；α 为温度效应校正系数。

（2）盐度的影响：海水盐度增加，离子强度增大，海水中碳酸的表观电离常数变小，海水 pH 增加。

（3）压力的影响：海水静压增加，碳酸的表观电离常数变大，pH 降低。压力对海水 pH 的影响可用下式进行校正：

$$\mathrm{pH}_p = \mathrm{pH}_1 - 4.0 \times 10^{-4} p \tag{4.3}$$

式中：(pH_p) 表示在 p 压力下海水的 pH，pH_1 是在 101 325 Pa 压力下海水的 pH；p 为海水的静水压力。

（4）$CaCO_3$、$MgCO_3$ 沉淀的形成与溶解：海水中的 Ca、Mg 等阳离子可与 CO_3^{2-} 形成 $CaCO_3$、$MgCO_3$ 等沉淀，这些沉淀在一定深度下，受压力、生物等作用可溶解。当 $CaCO_3$、$MgCO_3$ 沉淀形成时，$CCO_3^{2-}{}_{(T)}$ 和 $CHCO_3^{-}{}_{(T)}$ 浓度降低，pH 降低；当 $CaCO_3$、$MgCO_3$ 沉淀溶解时，$CCO_3^{2-}{}_{(T)}$ 和 $CHCO_3^{-}{}_{(T)}$ 浓度升高，pH 增加。

4.6.2.2 生物活动对海水 pH 的影响

海洋生物活动通过影响海水无机碳体系的平衡而影响海水的 pH。由无机碳平衡关系有：

$$CO_2 + CO_3^{2-} + H_2O \rightleftharpoons 2HCO_3^{-}$$

当海洋生物光合作用强于呼吸作用及有机质的分解作用时，海水中出现 CO_2 的净消耗，海水中 CO_2 比值减小，pH 升高。当呼吸作用和有机质降解作用强于光合作用时，海水中 CO_2 比值升高，pH 降低。

4.6.2.3 海水 pH 的空间变化

海水 pH 的空间变化总体与 CO_2 的分压 p_{CO_2} 变化相同，即 p_{CO_2} 越高的海域，pH 越低，反之亦然。与该海水达到平衡时气相中 CO_2 的分压即为 CO_2 分压。影响 p_{CO_2} 分布的主要海洋学过程有：

（1）海洋生物光合作用消耗水体中的 CO_2，导致 p_{CO_2} 降低。

（2）$CaCO_3$ 的溶解降低水体中的 CO_2 浓度，导致 p_{CO_2} 降低。

（3）太阳辐射的增强可导致表层水温度升高，海水中 CO_2 溶解度降低，p_{CO_2} 也会降低。

（4）海洋生源颗粒有机物的氧化分解会增加水体中的 CO_2，使 p_{CO_2} 升高。

（5）海水中 $CaCO_3$ 的形成增加水体 CO_2 浓度，进而导致 p_{CO_2} 的升高。

（6）人类燃烧矿物燃料导致大气 CO_2 的增加,进而通过海-气界面交换导致表层水 CO_2 的加入,p_{CO_2} 升高。

物理过程(温度和盐度)与生物学过程(叶绿素)对表层水 p_{CO_2} 变化的贡献:温度>叶绿素>盐度。

由北大西洋与北太平洋 pH 的垂直分布(图 4.6)可知,浅层水观察到由生物光合作用导致的 pH 极大值,生物的光合作用会迁出水体中的 CO_2,导致 pH 增加。

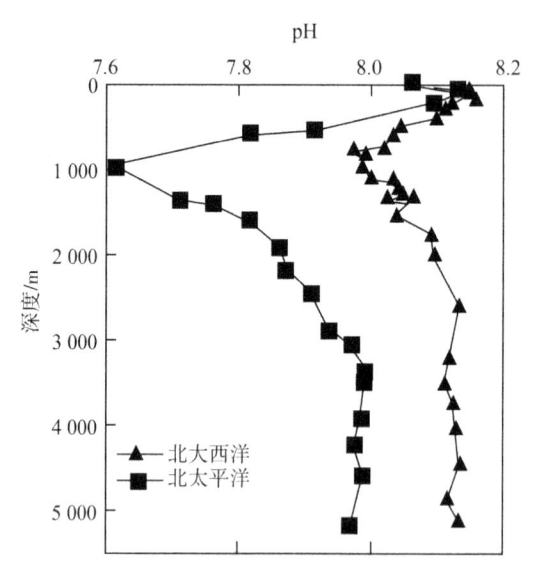

图 4.6 北大西洋与北太平洋 pH 的垂直分布

随深度的增加,pH 逐渐降低,至 1 000 m 左右出现极小值,该区间的降低是由于生源碎屑的氧化分解所导致。pH 的极小值所处层位与 DO(溶解氧)极小值和 p_{CO_2} 极大值所处层位相同。

深层水中 pH 的增加来自 $CaCO_3$ 的溶解。

4.6.3 海水的总碱度

海水中含有相当数量的 HCO_3^-、CO_3^{2-}、$H_2BO_3^-$、$H_2PO_4^-$、$SiO(OH)_3^-$ 等弱酸阴离子,它们都是氢离子的接受体。海水中氢离子接受体的净浓度总和称为"碱度"或"总碱度",用符号 Alk 或 TA 表示,单位为 mol/dm^3。TA 可用下式表示([ ]表示离子浓度,下同)

$$TA = [HCO_3^-] + 2[CO_3^{2-}] + [B(OH)_4^-] + [OH^-] + [HPO_4^{2-}] + 2[PO_4^{3-}] +$$
$$[SiO(OH)_3^-] + [NH_3] + [HS^-] - [H^+]_F - [HSO_4^-] - [HF] - [H_3PO_4]$$

海水中各组分对总碱度的贡献情况见表4.1。一些组分对总碱度的贡献很小，可以忽略不计。

表 4.1 海水中各组分对总碱度的贡献

组分	贡献/%
HCO_3^-	89.8
CO_3^{2-}	6.7
$B(OH)_4^-$	2.9
$SiO(OH)_3^-$	0.2
$Mg(OH)^+$	0.1
OH^-	0.1
HPO_4^{2-}	0.1

实用碱度 PA：包含碳酸碱度、硼酸碱度和水碱度。该参数对大多数海水适用，但河口、污染海域及缺氧水体不宜采用，要考虑硫化物、氨及磷酸盐的影响。

$$TA \approx \underbrace{[HCO_3^-] + 2[CO_3^{2-}]}_{\text{碳酸碱度}} + \underbrace{[B(OH)_4^-]}_{\text{硼酸碱度}} + \underbrace{[OH^-] - [H^+]}_{\text{水碱度}} = PA$$

碳酸碱度 CA：海水中碳酸氢盐和两倍碳酸根离子摩尔浓度的总和。碳酸碱度在天然海水中对总碱度的贡献在90%以上，是总碱度中最重要的部分。

$$CA = [HCO_3^-] + 2[CO_3^{2-}] = PA - [B(OH)_4^-] - [OH^-] + [H^+]$$

4.6.4 总碱度的地球化学性质

海水中的总碱度与质量、盐度等参数类似，是一个具有保守性质的参数。例如，如果总碱度以单位 mol/kg 来表示的话，则海水总碱度将不随温度、压力的变化而变化。

从地球化学的观点看，总碱度实际上代表的是海水中保守性阳离子与保守性阴离子的电荷差别。如果仅是海水温度与压力发生变化，而保守性离子的浓度不受影响,则总碱度不会发生变化。CO_2在海-气界面的交换以及海洋生物对CO_2的吸收和释放不会影响总碱度,因为在这些过程中保守性离子的浓度没有发生变化。

影响总碱度的海洋学过程:

(1) 盐度的影响:由于海水中保守性阳离子和保守性阴离子的电荷数差随盐度的变化而变化,因此海水总碱度与盐度密切相关。海洋盐度主要受控于降雨、蒸发、淡水输入、海冰的形成与融化等,因而这些过程也会导致海水总碱度的变化。

(2) $CaCO_3$的沉淀与溶解:$CaCO_3$的沉淀会导致海水中Ca^{2+}浓度降低,由此导致保守性阳离子与保守性阴离子之间的电荷数差减小,海水总碱度降低。1 mol $CaCO_3$的沉淀将使海水总溶解无机碳(DIC)降低 1 mol,总碱度降低 2 mol;反之,1 mol $CaCO_3$的溶解将使海水 DIC 增加 1 mol,总碱度增加 2 mol。

(3) 氮的生物吸收和有机物再矿化过程中溶解无机氮的释放:

①对总碱度产生小的影响。

②海洋生物吸收硝酸盐伴随着OH^-的产生,因而总碱度增加,每吸收 1 mol 的NO_3^-,海水总碱度增加 1 mol。

③海洋生物吸收氨盐伴随着H^+的产生,海水总碱度降低。

④尿素的吸收对总碱度没有影响。

⑤生源有机物再矿化过程对海水总碱度的影响与上述氮的生物吸收刚好相反。

开阔大洋海水 TA 与氯度的比值通常称为"比碱度"或"碱氯系数",它和海水中主要成分浓度之间的比值一样呈现近似恒定,可作为划分水团和作为河口海区水体混合的良好指标。

$$[Na^+]+2[Mg^{2+}]+2[Ca^{2+}]+[K^+]+\cdots+[H^+]_F-[Cl^-]-[2SO_4^{2-}]$$
$$-[NO_3^-]-[HCO_3^-]-2[CO_3^{2-}]-[B(OH)_4^-]-[OH^-]-\cdots=0$$

4.7 海水的总二氧化碳

4.7.1 总二氧化碳(TCO₂)

CO_2进入海水后,主要以 4 种无机形式存在,分别为$CO_2(aq)$、H_2CO_3、

HCO_3^- 和 CO_3^{2-}。

海水中各种无机碳形态浓度之和称为总二氧化碳（TCO_2）或总溶解无机碳（DIC），有些文献以 $\sum CO_2$ 或 C_T 来表示。

$$DIC = TCO_2 = [CO_2(aq)] + [H_2CO_3] + [HCO_3^-] + [CO_3^{2-}]$$

两种电荷数为 0 的中性分子 $CO_2(aq)$ 和 H_2CO_3 从化学角度是无法分离的，二者浓度之和也称为"游离的二氧化碳"：

$$[CO_2] = [CO_2(aq)] + [H_2CO_3]$$

4.7.2 影响总二氧化碳的海洋学过程

1. 盐度的影响

海水中的 TCO_2（总二氧化碳）作为常量组分，其含量也随盐度的变化而变化。一般而言，海水盐度越高，TCO_2 亦较高，而海水盐度与降雨、蒸发、淡水输入、海冰的形成和融化等密切相关。为了消除盐度的影响，可将总二氧化碳对盐度进行归一化处理，以校正至同一盐度水平来进行 TCO_2 的比较：

$$N_{TCO_2} = TCO_2 \times 35/S \tag{4.4}$$

式中：N 表示规化；S 为实测的盐度。

2. 海洋生物光合作用

海洋生物光合作用的实质在于将海水中的溶解无机碳（DIC）经过生物化学过程转化为有机碳，因此，海洋生物光合作用的强弱将对海水 TCO_2 产生影响。在光合作用比较强的海域或区间，海水 TCO_2 一般较低，反之亦然。

3. 有机物的再矿化

海洋有机物的再矿化过程会产生 CO_2，进而快速水解成 HCO_3^- 和 CO_3^{2-} 离子，从而增加海水的 TCO_2，这一过程的影响对于中深层水体 TCO_2 尤为重要。

4. $CaCO_3$ 的沉淀与溶解

海洋钙质生物生长过程中利用海水中的 CO_3^{2-} 合成其 $CaCO_3$ 壳体或骨骼，由此可导致海水 TCO_2 的降低。当这些 $CaCO_3$ 壳体或骨骼输送进入中深层海洋后会溶解，由此导致水体中 TCO_2 的增加。

4.7.3 海水中二氧化碳体系的化学平衡

海水中二氧化碳和溶解氧相似，大部分从大气溶入。此外，一部分来自海洋动物的呼吸、生物残骸的腐解和海底沉积物中有机物的分解。CO_2 在海水中的溶解度服从亨利定律，但其与亨利定律的偏差比其他气体要大，原因在于 CO_2 可发生水解作用：

$$CO_2(g) \xrightarrow{+H_2O} CO_2(aq)$$

还同水反应生成碳酸，即

$$CO_2(aq) + H_2O \rightleftharpoons H_2CO_3$$

平衡常数

$$K = \frac{[H_2CO_3]}{[CO_2(aq)] \cdot [H_2O]}$$

K 值约为 2×10^{-3}。虽然 CO_2 的平衡溶解度并不严格遵守亨利定律，但在海洋学的研究范围内，它还是基本上符合亨利定律的。因此 CO_2 的平衡溶解度 $C_{CO_2(T)}$ 与 CO_2 的平衡分压 P_{CO_2} 之间的线性关系可表示为：

$$C_{CO_2(T)} = a_s \cdot P_{CO_2}$$

式中：a_s 是溶解度系数，为一定温度、盐度下，P_{CO_2} 为 101 325 Pa 时，海水中 CO_2 的溶解度。

二氧化碳溶解在海水中，除了发生水合作用外，还同水反应生成 H_2CO_3。然后 H_2CO_3 分两步电离。研究人员利用下式来表示 H_2CO_3 的一级电离方程：

$$CO_2(aq) + H_2O \rightleftharpoons H^+ + HCO_3^-$$

一级热力学表观电离平衡常数为：

$$K_1^* = \frac{[H^+][HCO_3^-]}{[CO_2]}$$

其中，$[CO_2] = [CO_2(aq)] + [H_2CO_3]$。

根据亨利定律： $[CO_2] = K_0 \cdot p_{CO_2}$

式中：K_0 为 CO_2 在海水中的亨利常数，其数值可由温度、盐度计算得出：

$$\ln K_0 = -60.2409 + 93.4517 \cdot \frac{100}{T} + 23.3585 \cdot \ln\left(\frac{T}{100}\right) + S \cdot \left[0.023517 - 0.023656 \cdot \frac{T}{100} + 0.0047036 \cdot \left(\frac{T}{100}\right)^2\right] \quad (4.5)$$

式中：$T=t(℃)+273.15$；K_0 的单位为 mol/(kg·atm)。

海水中 H_2CO_3 的一级电离平衡常数亦可由温度、盐度计算得出：

$$\ln K_1^* = \ln K_1 + A \cdot S^{0.5} + B \cdot S + C \cdot S^{1.5} + D \cdot S^2 + \ln(1 - 0.001\,005 \cdot S) \tag{4.6}$$

式中：$A = -228.397\,74 + 9\,714.363\,89 \cdot \dfrac{1}{T} + 34.485\,796 \cdot \ln T$；

$B = 54.208\,71 - 2\,310.489\,19 \cdot \dfrac{1}{T} - 8.195\,16 \cdot \ln T$；

$C = -3.969\,101 + 170.221\,69 \cdot \dfrac{1}{T} + 0.603\,627 \cdot \ln T$；

$D = -0.002\,587\,68$；

K_1 为淡水中 H_2CO_3 的一级电离表现平衡常数，与温度的关系为：

$$\ln K_1 = 290.909\,7 - 14\,554.21 \cdot \dfrac{1}{T} - 45.057\,5 \cdot \ln T$$

H_2CO_3 的二级电离方程为：

$$HCO_3^- \rightleftharpoons H^+ + CO_3^{2-}$$

二级电离表观平衡常数可表示为：

$$K_2^* = \dfrac{[H^+][CO_3^{2-}]}{[HCO_3^-]}$$

$$K_1^* = \dfrac{[H^+][HCO_3^-]}{[CO_2]}$$

假设某一给定的溶液中，$[CO_2]=[HCO_3^-]$

$$K_1^* = [H^+]$$

也就是说在此条件下，该溶液的 pH 就等于 pK_1^*（对一级电离表观平衡常数取负对数）。

在 $pH = pK_2^*$（对二级电离平衡常数取负对数）时，$[HCO_3^-]=[CO_3^{2-}]$。

4.8　海水中碳酸钙的沉淀与溶解平衡

海洋中碳酸钙的形成与溶解在全球碳循环中起着重要的作用，它是调

控大气 CO_2 浓度的关键因子之一。

决定海水中碳酸钙沉淀与溶解的关键因素是海水中 $CaCO_3$ 的饱和状态，而这又与海水中 CO_3^{2-} 浓度密切相关，换句话说，海水中 $CaCO_3$ 于固/液相的平衡取决于海水对 $CaCO_3$ 的"侵蚀"能力。

海水中 $CaCO_3$ 的表观溶度积：

$$CaCO_3(s) \Longleftrightarrow Ca^{2+}(aq) + CO_3^{2-}(aq)$$

在达到热力学平衡的时候，$CaCO_3$ 溶解的速率将等于其沉淀的速率，海水中各离子组分的含量将保持恒定，$CaCO_3$ 的净溶解将不再发生。由于这时候海水无法溶解更多的 $CaCO_3$，因而在海水中 $CaCO_3$ 是饱和的。通常采用表观溶度积来表示 $CaCO_3$ 的沉淀与溶解平衡：

$$K_{sp}^* = [Ca^{2+}]_{sat} \cdot [CO_3^{2-}]_{sat} \tag{4.7}$$

式中：K_{sp}^* 为溶度积常数；sat 表示饱和浓度。

海水中 $CaCO_3$ 的溶度积与其存在的晶型结构有关。天然 $CaCO_3$ 主要存在3 种晶型，即方解石(calcite)、文石(aragonite)和球文石(vaterite)，其中球文石不普遍。由于不同晶型具有不同的生成自由能，故它们的溶度积是不同的。

海洋中的 $CaCO_3$ 主要由一些海洋生物产生。方解石主要由有孔虫(foraminifera)产生；文石主要由翼足类浮游动物(pteropoda)产生。

在一定温度、盐度和压力下，文石在海水中比方解石更易于溶解，它们的饱和溶度积分别为 $10 \sim 6.19 \, mol^2/kg^2$（文石）和 $10 \sim 6.37 \, mol^2/kg^2$（方解石）（温度为 25℃，盐度为 35，压力为 1 atm）。

$CaCO_3$ 是一种特殊的盐，其溶解度在较低的温度下更高，但温度的影响是很小的。更为重要的是，其溶解度随压力增加而增加，这对于阐明海水中 $CaCO_3$ 的垂直分布以及海洋沉积物中 $CaCO_3$ 的空间分布特别有意义。

平衡时，Ca^{2+} 和 CO_3^{2-} 离子饱和浓度的乘积为 $CaCO_3$ 的溶度积。$CaCO_3$ 的饱和度可用下式表示：

$$\Omega = \frac{[Ca^{2+}][CO_3^{2-}]}{K_{sp}^*} \tag{4.8}$$

由于海水中的 Ca 为常量元素，其含量与盐度呈正相关关系：

$$[Ca^{2+}] = 2.934 \times 10^{-4} \cdot S$$

对于开阔大洋水，$[Ca^{2+}]$的变化很小，一般小于1%，故：$\Omega = \dfrac{[CO_3^{2-}]}{[CO_3^{2-}]_{饱和}}$。

当$\Omega = 1$时，$CaCO_3$在海水中恰好饱和；当$\Omega > 1$时，为过饱和；当$\Omega < 1$时，为不饱和。

$CaCO_3$溶度积随压力的增加而增加，由于开阔大洋Ca^{2+}饱和浓度随深度变化较小，$CaCO_3$溶度积随压力的变化很大程度上来自CO_3^{2-}浓度的变化。即，在海水中CO_3^{2-}饱和浓度随深度（即压力）的增加而增大。

实测的海水中CO_3^{2-}浓度垂直分布曲线将与CO_3^{2-}饱和浓度垂直分布曲线产生交点，该交点对应的深度即为饱和深度。

由上层海洋产生并向下沉降输送的$CaCO_3$将主要保存在饱和深度以浅的过饱和水体中，并在饱和深度以深的不饱和水体中开始溶解。

$CaCO_3$的溶解在深海水中更为明显，这是多种因素的结果：$CaCO_3$是特殊的盐类，温度越低，溶解度越大（作用影响较小）；压力的增加会导致$CaCO_3$溶度积的增大，低温下影响更明显；压力的增加会导致海水中硼酸和碳酸解离常数增大，由此海水pH降低，海水中CO_3^{2-}浓度降低，$CaCO_3$晶体溶解更明显；深海水中有机物的氧化分解作用会释放更多的CO_2到海水中，从而降低海水pH和CO_3^{2-}浓度，也会导致更多的$CaCO_3$溶解。

$CaCO_3$的溶解程度取决于其溶解速率与沉降速率的大小，而这两个速率均与颗粒的密度有关。

$CaCO_3$溶解速率还受颗粒大小与形状的影响，因为这些物理参数会影响颗粒表面积，从而影响$CaCO_3$与海水接触的程度。密度越小或颗粒较薄的$CaCO_3$颗粒溶解较快，而密度大且包裹严密的$CaCO_3$具有较快的沉降速率和较慢的溶解速率。

$CaCO_3$溶解速率还与海水的化学性质有关，不饱和程度高的水体，$CaCO_3$溶解速率较快。

$CaCO_3$溶解速率快速增加的深度称为$CaCO_3$溶解跃层，它是保存完好与保存不良的$CaCO_3$的分离界面。

4.9　海洋对人类来源二氧化碳的吸收

海洋具备大量吸收大气CO_2的潜力，理由有两方面：

(1) 溶解于海水中的 CO_2 气体可通过与 CO_3^{2-} 的反应，使其溶解度得到很大程度的提高，这一反应的平衡常数很大，因此进入海洋的 CO_2 将被快速地转化为 HCO_3^-：

$$CO_3^{2-} + H_2O + CO_2 \rightarrow HCO_3^-$$

(2) 进入海洋的碳最终将通过海洋生源颗粒有机物和 $CaCO_3$ 的沉降从表层输送进入深海，并通过水体的层化作用将再矿化产生的 CO_2 储存于深海水中。确定海水中人类来源 CO_2 含量的方法主要有 4 种：海水 DIC 增量区分法；海-气界面 CO_2 交换通量法；海水溶解无机碳 13C 法；全球环流模型（GCM）法。

海水 DIC 增量区分法。测量获得海水 DIC 在一定时间内的增加量，结合由主要营养盐和溶解氧估算出的海水 DIC 天然增加量，由差值法得到海水中人类来源 CO_2 的含量。

现代海洋某深度 h 处的天然 DIC 等于人类活动影响前表层水 DIC 含量加上从表层至该深度有机物降解和 $CaCO_3$ 溶解所释放的 DIC：

$$DIC_{natural,h} = DIC_{natural,0} + DIC_{OM} + DIC_{CaCO_3}$$
$$= DIC_{natural,0} - \frac{[DIC]}{[O_2]} \cdot AOU_h + \frac{1}{2}\left(TA_h - TA_0 + \frac{[NO_3^-]}{[O_2]} \cdot AOU_h\right)$$

海水 h 深度处人类来源 DIC 可由该深度实测 DIC 减去天然 DIC：

$$DIC_{anthropogenic,h} = DIC_{measured,h} - DIC_{natural,h}$$

要计算海水人类来源 DIC 含量，必须知道受人类来源 CO_2 影响前海洋表层水的 DIC 和 TA。通常假定受人类来源 CO_2 影响前海洋表层水的 TA 等于现代表层海水的 TA，或者根据现代海水表层 TA 与表层盐度的相关关系和受人类来源 CO_2 影响前表层水的盐度计算得出。受人类来源 CO_2 影响前海洋表层水的 DIC 一般利用上述得到的受人类来源 CO_2 影响前海洋表层水的 TA 值，结合当时的温度、盐度和大气二氧化碳含量（280 ppm）计算得到。1996 年，Gruber 等估算出近表层水人类来源 DIC 的浓度大多介于 40~50 $\mu mol/kg$ 之间，约占海水总 DIC 的 2%。

海-气界面 CO_2 交换通量法。即计算现代海洋海-气界面 CO_2 的交换通量。2022 年，Takahashi 等综合了超过 50 万个来自不同年份、不同季节的海洋表层水 p_{CO_2} 实测数据，经过归一化处理后，获得全球海洋表层水 p_{CO_2} 的平均值及空间分布。该方法需要实测全球海洋表层水 p_{CO_2}，由于该数值时、空变化很大，导致该方法的精度比较差，但它可以提供有关海洋吸收人类来源 CO_2 时空变化特征及吸收机制的信息。

海水溶解无机碳^{13}C 法。由于矿物燃料燃烧所释放的 CO_2 的 δ^{13}C 值（$-23‰$）与海水 DIC 与大气 CO_2 中的 δ^{13}C 值（$0‰$）有明显不同，因此受人类来源 CO_2 影响的海水与大气中的 δ^{13}C 将产生差别，这些差异可以准确测量，由此通过海水 DIC 中 δ^{13}C 值的变化可以反映人类来源 DIC 的影响与贡献。1992 年，Quay 等通过对比 1970 年和 1990 年实测的大气和海水中 DIC 的 δ^{13}C 值，计算出形成其差值所需要的进入海洋的人类来源 DIC 的通量。

全球环流模型（GCM）法。通过将人类活动释放的 CO_2 输入全球环流模型的大气组分，可以计算出海洋吸收人类来源 CO_2 的速率，见表 4.2。

表 4.2　海洋吸收人类来源 CO_2 速率的估算

方法	速率/(10^{15}g/a)	文献
DIC 增量区分法	2.2	Sabine（2004）
海-气界面 CO_2 交换通量法	2.2 ± 0.4	Takahashi（2002）
海水溶解无机碳^{13}C 法	1.7 ± 0.2	Quay（1992，2003）
全球环流模型（GCM）法	$1.5\sim2.2$	Orr（2000）

思考题

1. 简述大气的化学组成。
2. 什么是温室效应？哪些是温室气体？
3. 简述气体在海-气界面进行气体交换的模型。
4. 什么是生物需氧量和化学耗氧量？
5. 简述中国近海的碳化学。

第 5 章　海水中的营养盐

在海洋中,同生物生命息息相关的除了氧和碳元素外,还有氮、磷和硅等元素。海水中无机氮、磷和硅是海洋生物繁殖生长不可缺少的化学成分,是海洋初级生产力和食物链的基础。氮和磷是组成生物细胞原生质的重要元素,并为其物质代谢的能源,而硅则是硅藻等海洋浮游植物的骨架和介壳的主要组成元素。因此,在海洋学上,把氮、磷和硅元素称为"生源要素"或"生物制约元素",海水中由氮、磷、硅等元素组成的某些盐类,是海洋植物生长必需的营养盐,通常称为"植物营养盐"。此外,海水中铁、锰、铜和钼等元素也与生物的生命过程密切相关,但因它们在海水中含量很少,故称为微量营养元素。海洋中营养元素一方面自大陆径流输入,另一方面氮、磷、硅等营养元素与海洋动植物之间存在着食物链的关系,浮游植物吸收营养元素后又被动物所吞食,几经周转后由生物的排泄物或尸骸的氧化分解重新释放出来,而获得补充。由于这些元素参与生物生命活动的整个过程,它们的存在形态与分布受到生物的制约,同时受到化学、地质和水文因素的影响,所以,它们在海洋中的含量和分布并不均匀也不恒定,有明显的季节性和区域性变化。对于大洋水来说,营养盐的分布可分成四层:

①表层:营养盐含量低,分布比较均匀。

②次层:营养盐含量随深度的增加而迅速增加。

③次深层:500~1 500 m,营养盐含量出现最大值。

④深层:磷酸盐和硝酸盐的含量变化很小,硅酸盐含量随深度的增加而略为增加。就区域分布而言,由于海流的搬运和生物的活动,加上各海域

的特点,海水营养盐在不同的海域有不同的分布。近岸的浅海和河口区与大洋不同,海水营养盐的含量分布不但受浮游植物的生长消亡和季节变化的影响,而且和大陆径流的变化、温跃层的消长等水文状况有很大的关系。研究它们的存在形态与分布变化规律,对研究海洋生物的生态和开发海洋生物水产资源是很有现实意义的。

5.1 氮

5.1.1 海洋中氮的主要存在形式

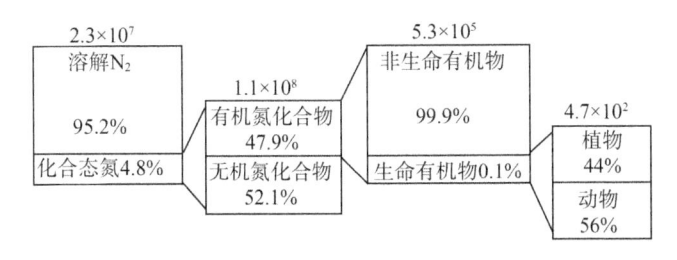

海水中的氮包括广泛的无机和有机氮化合物,其在海水中可能的存在形式有:$NO_3^-(+V)$,$NO_2^-(+Ⅲ)$,$NO(+Ⅱ)$,$N_2O(+Ⅰ)$,$N_2(0)$,$NH_3(-Ⅲ)$,$NH_4^+(-Ⅲ)$,$RNH_2(-Ⅲ)$。海水中除溶解氮气外,无机氮化合物[$NH_4^+(NH_3)$、NO_2^-、NO_3^-]也是海洋植物最重要的营养物质,它们能被海洋浮游植物直接利用,被同化为植物细胞中的氨基酸。海水中氮气几乎处于饱和状态,但氮气不能被绝大多数的植物所利用,它只有转化为氮的化合物后,才能被植物利用。通过固氮作用,氮气可变成结合态氮。海洋中某些蓝藻类、细菌及酵母都有固氮作用,大洋中生物固氮每年为$(30\sim130)\times10^{12}$ g,某些海域就是由于固氮蓝藻等大量繁殖而导致富营养化,甚至发生"赤潮"现象的。氮气在大气中被雷电或宇宙射线所电离,因此降雨中含有氮的化合物,据报道每年由大气降雨为海洋输送的氮有$(15\sim83)\times10^{12}$ g。同时,地表径流每年向海洋输送$(13\sim35)\times10^{12}$ g 氮。有机氮主要为蛋白质、氨基酸、脲和甲胺等一系列含氮有机化合物。这些氮化合物处在不断地相互转化和循环之中。海洋中氮的形式及储量如图 5.1 所示。

图 5.1 海洋中氮的形式及其储量(方格上方数字为储量,单位为 10^{12} g)

5.1.2 海洋中的氮循环

海洋中不同形式的氮化合物在海洋生物特别是某些特殊微生物的作用下,经历着一系列复杂的转化过程,如图 5.2 所示。

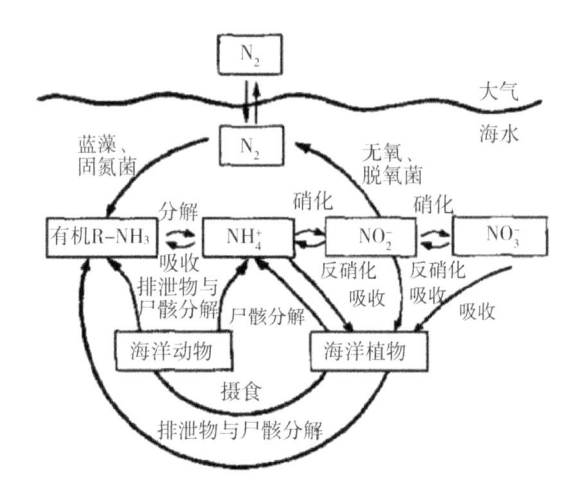

图 5.2 海水中氮化合物循环示意图

首先看有机氮和无机氮在海水中的相互转化和循环:

(1) 无机氮被海洋生物吸收组成有机氮(主要是蛋白质)。蛋白质首先通过化学及细菌作用生成氨基酸[R—CH(NH$_2$)—COOH],而后分解成为无机氮(NH$_3$)。蛋白质除被分解成氨基酸,还能被分解为一些小分子的胺,如甲基胺等。

(2) 有机氮经化学及细菌作用分解成无机氮。我们把有机氮在微生物的分解作用下将氨释放的过程称为氨化作用。

再看无机氮在海水中的相互转化:海水中的氨主要以 NH$_4^+$ 形式存在。在亚硝酸菌和硝酸菌作用下,将其氧化生成 NO$_2^-$(+Ⅲ)或 NO$_3^-$(+Ⅴ),这种作用称为硝化作用。据研究,NH$_4^+$ 被氧化为 NO$_2^-$ 的反应有 3 种:①光化学氧化作用。②化学氧化作用。③微生物氧化作用。海水中主要是后两种作用。由于海水吸收紫外线,故在海面以下的光化学氧化作用不明显。化学氧化作用亦主要在表层海水中进行。微生物氧化作用可由自养菌或异养菌来进行,它们从溶解的 CO$_2$ 中获得 C,并从 NH$_4^+$ 被氧化为 NO$_2^-$ 的过程中获得其所需的能量。其化学式如下:

$$2NH_4^+ + 3O_2 \xrightarrow[\text{专性、自养}]{\text{亚硝酸菌}} 2NO_2^- + 2H_2O + 4H^+$$

$$NO_2^- + \frac{1}{2}O_2 \xrightarrow[\text{兼性、自养}]{\text{硝酸菌}} NO_3^-$$

图 5.3 为各种氮在海水中的相互转化的模拟实验情况。

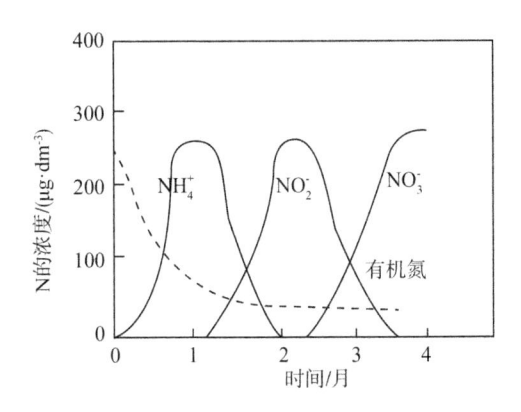

图 5.3 保存在黑暗处通气海水中浮游植物分解产生氮化合物情况

从图可见,硅藻死亡后其颗粒状有机氮分解为 NH_4^+,并转化为 NO_2^- 和 NO_3^- 约需 3 个月时间。但是,由于有机质的性质不同,影响反应速率的因素如温度、催化剂等不同,有机氮的分解速率也不同。在有机氮的分解过程中,微生物及酶的催化作用是极为重要的,不同的分解过程,有其不同的微生物及酶参与作用。经研究证明,有机氮转化为 NH_4^+ 的过程属于一级反应。光化学氧化、化学氧化和微生物的作用,尤其是海洋细菌的作用,在海洋中氮的转化和循环中起着重要的作用。若反过来做实验:当放在暗处的水中 NH_4^+ 含量达到最高值时,放在明处使其见光,则硅藻开始吸收 NH_4^+,NH_4^+ 减少而粒状 N 增加。综上所述,光化学氧化、化学氧化和微生物的作用,尤其是海洋细菌的作用,在海洋中氮的转化和循环中起着重要的作用。有机氮和无机氮在海水中的相互转化和循环并不是完全封闭的,海洋每年从雨水和河流中接受了一定量的化合氮,雨水每年给每平方米海面带入大约 4 000~17 000 $\mu mol/dm^3$ NH_4^+-N 和 2 000 $\mu mol/dm^3$ 的 NO_3^--N,江河也向海洋中不断输入 NO_3^--N 和 NH_4^+-N。

5.1.3 海水中无机氮的含量分布与变化

海水中无机氮含量分布的一般规律是：
①随着纬度的增加而增加。
②随着深度的增加而增加。
③在太平洋、印度洋的含量大于大西洋的含量。
④近岸浅海海域的含量一般比大洋水的含量高。

大洋海水中无机氮含量的变化范围一般是 $NO_3^- - N$：$0.1 \sim 43$ $\mu mol/dm^3$；$NO_2^- - N$：$0.1 \sim 3.5$ $\mu mol/dm^3$；$NH_4^+ - N$：$0.35 \sim 3.5$ $\mu mol/dm^3$。在海水中 $NO_3^- - N$ 的含量比 $NO_2^- - N$、$NH_4^+ - N$ 高得多。在大洋深层水中，几乎所有的无机氮都以硝酸盐的形式存在，它的分布一般与磷酸盐的分布趋势相似。

水平分布。一般大洋水中硝酸盐的含量随着纬度增加而增加。即使在同一纬度上，各处也会由于生物活动和水文条件不同而有相当大的差异。图 5.4 是大西洋一个南北断面上硝酸盐的分布图，由图中可以看出南极海水中硝酸盐含量很高，北大西洋硝酸盐的含量约为南大西洋的一半。

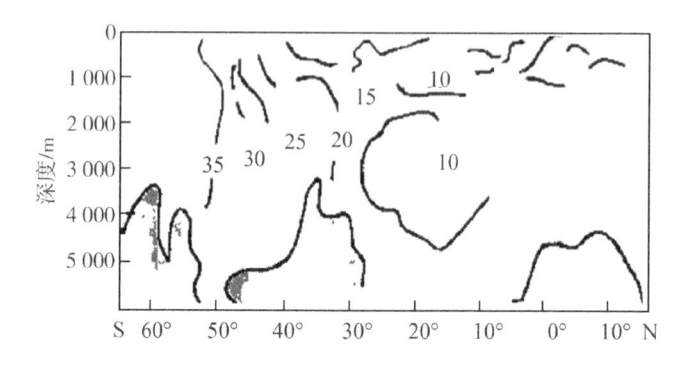

图 5.4 大西洋断面上硝酸盐的分布(mol/dm^3)

垂直分布。铵盐在真光层中为植物所利用，但在深层中则受细菌作用，硝化而生成亚硝酸盐以及硝酸盐。因此，在大洋的真光层以下的海水中，铵盐和亚硝酸盐的含量通常甚微，而且后者的含量低于前者，它们的最大值常出现在温度跃层内或其上方水层之中。一般大洋海水中硝酸盐的含量在垂直分布上是随着深度的增加而增加的，在深层水中，由于氮化合物不断氧化的结果,积存着相当丰富的硝酸盐。

从图5.5可以看出三大洋硝酸盐的含量为:印度洋＞太平洋＞大西洋。表层硝酸盐被浮游植物所消耗,含量较低,甚至达到分析零值,在500～800 m处含量随深度急剧增加,在500～1 000 m有最大值,最大值以下的含量随深度的变化很小。

海水中无机化合氮和磷酸盐一样,与生物活动息息相关。因此,它在海水中,尤其是在北温带或河口区,其含量分布有着明显的季节变化,图5.6表示在英吉利海峡的一个站位表层和底层水中无机氮形态及含量的周年变化情况。在生物生长繁殖旺盛的暖季,三种无机氮含量下降达到最低位。而当冬季由于生物尸骸的氧化分解和海水上、下层对流剧烈时,三种无机氮含量回升达到最高值。

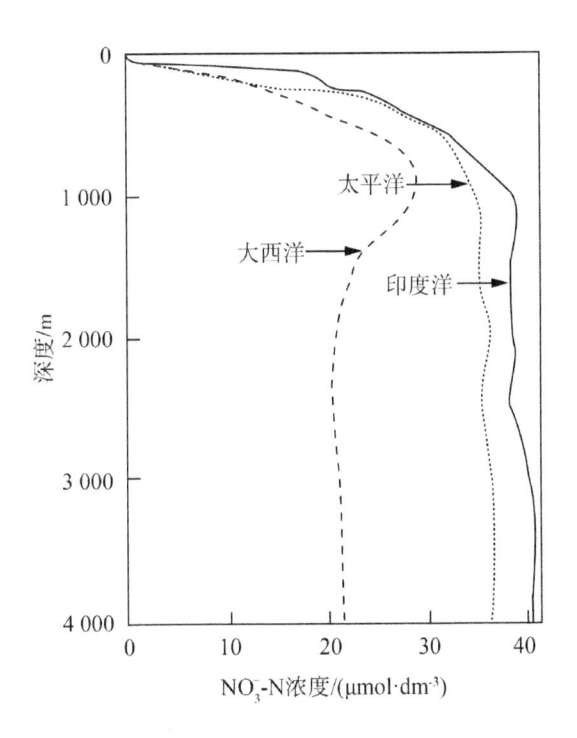

图5.5 世界各大洋中硝酸氮浓度的典型深度剖面

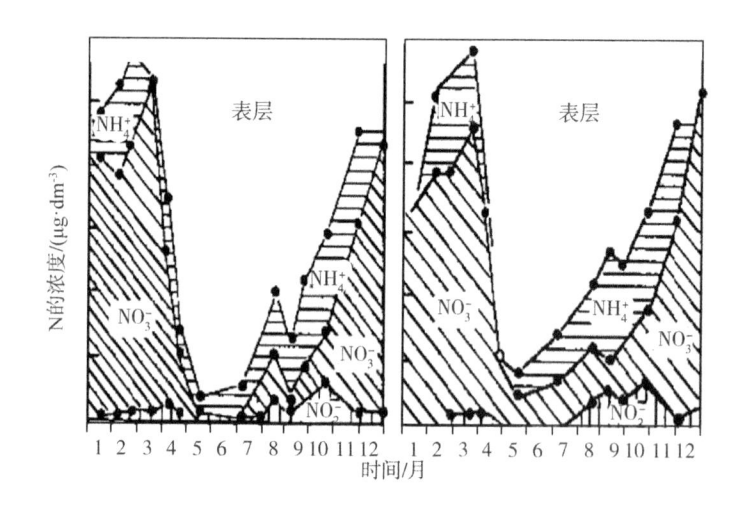

图 5.6　英吉利海峡一个站位上,表层和近底层水中硝酸氮、亚硝酸氮和氨氮浓度的季节变化

5.2　磷

5.2.1　磷在海水中的存在形态

磷酸盐是海洋生物所必需的营养盐之一。对于脊椎动物,磷(磷酸钙)是构成其骨骼的主要成分。因此,海水中磷酸盐是海洋动植物生产量的控制因素之一。研究海洋中磷的存在形态与分布变化规律,不仅对于了解海水中磷的海洋化学、生物化学和地球化学行为极为重要,而且,对于开发海洋水产资源具有重大的实际意义。海底往往有磷灰石或磷结合的堆积,因而是海水铀化学、微量元素地球化学和古海洋学研究中值得注意的问题。为此,磷在海洋中的存在形态、迁移规律和地球化学循环方面的问题颇受人们的重视,有着较多的研究报道。

磷以不同的形态存在于海洋水体、海洋生物体、海洋沉积物和海洋悬浮物中。磷的化合物有多种形式,即可溶性无机磷酸盐、可溶性有机磷化合物、颗粒状有机磷物质和吸附在悬浮物上的磷化合物,通常以溶解的无机磷酸盐为主要的形态,用 $PO_4^{3-}-P$ 表示。海洋中各种磷的化合物也会由于生物、化学、地质和水文过程而进行着各种变化。例如颗粒磷可以通过细菌和化学作用而转化为无机磷酸盐和溶解的有机磷化合物。这两种磷化合物都可被植物直接吸收,以无机磷酸盐为主。

水溶液中溶解无机磷酸盐(DIP)存在如下平衡:

$$H_3PO_4 \rightleftharpoons H^+ + H_2PO_4^- \rightleftharpoons 2H^+ + HPO_4^{2-} \rightleftharpoons 3H^+ + PO_4^{3-}$$

Kester 等于 1967 年测定了磷酸在人工海水和在 0.68 mol/dm³ 的氯化钠溶液中的表观电离常数。根据磷酸的表观电离常数,可以计算在不同 pH 时三种磷酸盐阴离子所占总磷量的百分数(如图 5.7 所示)。大洋海水 pH＝8.0 时,海水中的磷主要以 HPO_4^{2-} 离子的形态存在,约占 87%,PO_4^{3-} 离子占 12%,$H_2PO_4^-$ 离子仅占 1%。由图 5.7 可以看出:在同一 pH 下,磷酸盐阴离子在海水、NaCl 溶液和纯水中的含量不同。这是由于海水中 Ca^{2+} 和 Mg^{2+} 等常量阳离子与磷酸盐阴离子的缔合作用引起的。Kester 等指出:由于缔合作用,海水中有 96% 的 PO_4^{3-} 离子和 44% 的 HPO_4^{2-} 离子可能与 Ca^{2+} 和 Mg^{2+} 形成离子对形态存在。但在研究海水中常量离子的缔合作用方面,由于不同的化学家以不同的理论模型和实验方法测定,所得结果数值是不尽相同的。

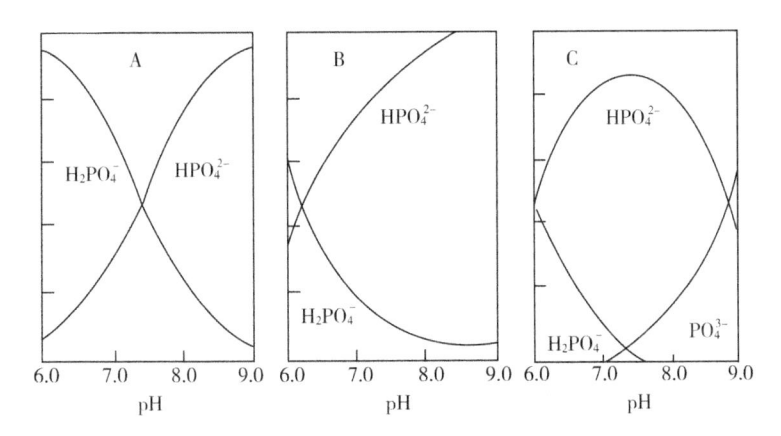

A:纯水;B:0.68 mol/dm³ 的 NaCl 溶液;C:S=33 的人工海水

图 5.7 20℃时各种形态的磷酸盐分布

此外,海水中还存在一类由 PO_4^{3-} 聚合而成的多磷酸盐,其中,两个或两个以上的磷酸根基团通过 P—O—P 键结合在一起,形成链状或环状结构。多磷酸盐仅占海水总磷含量的一小部分,它们能和多种金属阳离子形成溶解态络合物。

海洋中颗粒态无机磷酸盐(PIP)主要以磷酸盐矿物形式存在于海水悬浮物和海洋沉积物中。其中丰度最大的是磷灰石。

海洋中颗粒有机磷化合物(POP)指生物体内、有机碎屑中所含的磷。前者主要存在于海洋生物细胞原生质内。所有生物体内都含有磷元素。

海水中还存在溶解有机磷化合物(DOP)。在真光层内,DOP 含量可能大于 DIP。研究发现,某些不稳定的溶解有机磷化合物是海洋循环中十分活跃的组分。

5.2.2 磷在海水中的相互转化和循环

磷等营养元素在整个海洋中进行着大范围的迁移和循环。在大洋海水的表层,即约在上层 200 m 深的海水中(称"光合带"或"透光带",其厚度为表面直到每日每平方厘米能透过 3 kcal[①] 光能的深处),而在近岸河口海区,因大陆径流的影响,水体的消光系数大,因此光合带深度仅有几米,见图 5.8。

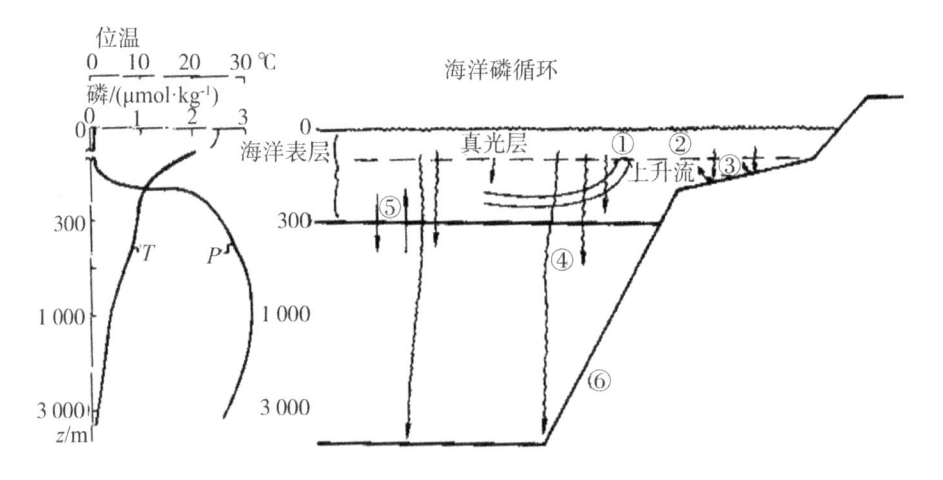

①富含营养盐的上升流;②生物生产力和它产生的颗粒物沉降;③表层水和浅层沉积物的有机物分解再生营养盐;④主温跃层之下颗粒物的分解;⑤浅层水与深层水的缓慢交换;⑥磷与底层沉积物的作用。

图 5.8 磷在海洋中的循环和迁移

---

① 1 kcal(千卡)≈4.186 kJ(千焦)。

浮游植物通过光合作用吸收海水中的无机磷和溶解有机磷。浮游植物为浮游动物所吞食,其中一部分成为动物组织,再经代谢作用还原为无机磷释放到海水中。未被动物完全消化的那一部分,有些经植物细胞的磷酸酶的作用而还原为无机磷,有些则分解为可溶性有机磷,还有些则形成难溶的颗粒状磷。所有这些过程都通过动物的排泄释放到海水中,溶解有机磷和颗粒磷再经细菌的吸收代谢而还原为无机磷。但也有一部分磷在生物尸体的沉降过程中没有完全得到再生,而随同生物残骸沉积于海底,在沉积层中经细菌的作用,逐步得到再生而成为无机磷。

Arrhenius 发现,在太平洋海底沉积物的表层,平均每年每平方米约聚积 0.5~4.0 mg 磷,这些在沉积层中和底层水中的无机磷又会由于上升流、涡动混合和垂直对流等水体运动被输送到海水表层,再次参加光合作用。大陆径流每年为海洋增添的溶解态磷约为 2.2×10^{12} g,颗粒态磷为 12×10^{12} g。因此,海洋中的磷存在着一个复杂的循环体系(图 5.9)。这个循环受到各种因素的控制,这些因素包括海洋生物化学作用、海水运动以及沉积作用等,要真正解决和掌握其分布规律就必须完全了解这些因素的影响作用。

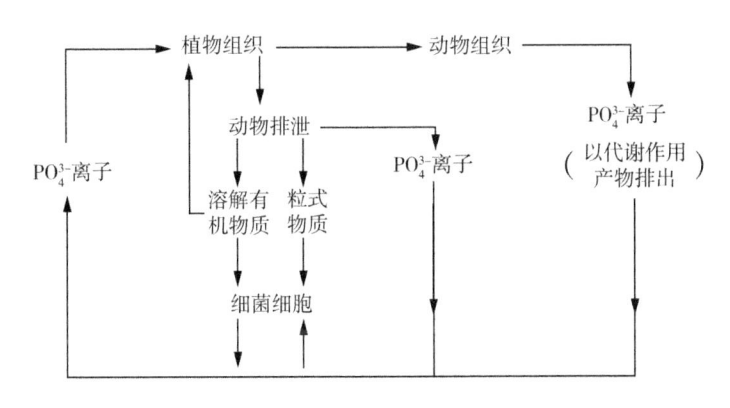

图 5.9 磷的生物循环

5.2.3 海水中磷酸盐的含量分布与变化

海水中磷酸盐的含量随海区和季节的不同而变化,一般在河口沿岸水体、封闭海区和上升流区的磷酸盐含量较高,而在开阔的大洋表层含量较低;近海水域磷酸盐含量一般冬季较高,夏季较低。在河口及沿岸浅海区,磷酸盐在垂直方向上分布比较均匀,而在深海和大洋中,则有明显分层。

水平分布。大洋海水中无机磷酸盐的浓度是在不断变化的,但许多地区最大浓度变化范围都不超过 $0.5 \sim 1.0~\mu mol/dm^3$。在热带海洋表层水中,生物生产力大,因而这里磷的浓度最低,通常在 $0.1 \sim 0.2~\mu mol/dm^3$。在太平洋、大西洋和印度洋的南部,由于彼此相通,磷酸盐的分布及含量大致相同。而在大西洋与太平洋的北部,磷酸盐的分布则有着明显的差别。大西洋北部磷含量较低,而太平洋北部磷含量几乎是南部海区的两倍。形成这种差别的原因与这些大洋的环流有关。这种情况与溶解氧的分布类似,一般规律是磷含量高,氧含量低,如大西洋氧含量最小层处,也是磷含量最高的地方,达到 $2~\mu mol/dm^3$ 以上,磷酸盐之所以由大西洋深层水向北太平洋深层水方向富集是因为这些大洋深海的环流方向为低温、高盐和低营养的大西洋表层水在大西洋北端的挪威海沉降,成为大西洋深层水,越过格陵兰至英国诸岛的海脊往南流。在这期间,含磷颗粒从表层沉降到深海的过程中不断被氧化腐解而释放出营养盐,这些被再生的营养盐和未被腐解的颗粒物质随着深层水流向太平洋方向迁移,一直到北太平洋深处,这个富集过程不断继续下去,使深层水中 PO_4^{3-}-P 的含量从大西洋深层的 $1.2~\mu mol/dm^3$ 逐渐提高到北太平洋深层的 $3~\mu mol/dm^3$。由此可见,之所以形成这种差别,是由于大洋环流和生物循环相互作用。

垂直分布。三大洋水中磷酸盐含量分布变化的一般规律如下:在大洋的表层,由于生物活动吸收磷酸盐,使磷的含量很低,甚至降到零值。在 500～800 m 深水层内,含磷颗粒在重力的作用下下沉或被动物一直带到深海,由于细菌的分解氧化,不断地把磷酸盐释放回海水中,从而使磷的含量随深度增加迅速增加,一直达到最大值。在最大值处的深度,表明有机物基本上分解完全,在这一水层下(一般大于 1 000 m 水深),磷几乎都以溶解的磷酸盐的形式存在。由于垂直涡动扩散,使不同来源水层的磷酸盐浓度趋于均等。磷酸盐的含量通常是固定不变的,或者可以说它的浓度随深度的增加变化很小。

季节变化。在不同生物循环与海水运动的大洋水中,磷酸盐的含量分布有着很大的差异。除此之外,海水中磷的含量还由于生物活动规律及其他因素影响而存在着季节的变化。尤其是在温带(中纬度)海区的表层水和近岸浅海中,磷酸盐的含量分布具有明显规律性的季节变化。夏季,表层海水由于光合作用强烈、生物活动旺盛,摄取磷的量多,如果从深层水来的磷补给不足,就致使表层水磷的含量降低,以致减为零值。在冬季,由于生物死亡,尸骸和排泄物腐解,磷重新释放返回海水中,同时由于冬季海水对流混合剧烈,使底部的磷酸盐补充到表层,其含量达全年最高值。

Cooper 等曾经在英吉利海峡一个站位进行磷酸盐季节变化的多年按月观测。结果是:磷酸盐含量的最高值在冬季,磷含量在 21.5~100 μg/dm³ 之间变化,有些年份的最低值可低到 0.5 μg/dm³。

以山东胶州湾磷的季节变化(图 5.10)就可直观地看出其变动的情况。从图中看到:在 8 月份,胶州湾的磷含量突然增加,这是由于降雨使大陆排水突增、大陆水从陆地带了大量磷,因而使 8 月份磷含量又有所增加。尤其是近几年来,有些地区由于大量地开采矿藏、工业排废和生活用水等,致使沿岸和内陆海湾营养盐浓度激增而造成过剩,引起浮游生物的过度繁殖,即所谓"赤潮"。例如日本的东京湾海域就是一个营养过剩的典型实例。

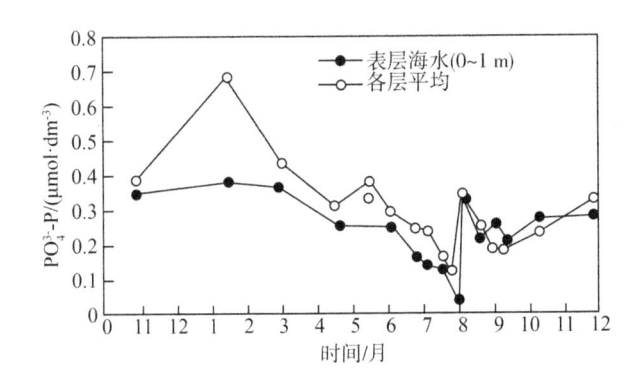

图 5.10　山东胶州湾某站海水磷酸盐季节变化

河口磷酸盐的缓冲现象。这种现象是指水体的磷酸盐浓度保持在一个相对恒定的范围。这一现象最初是 Stefansson 和 Richards 在哥伦比亚河口发现的。产生缓冲现象的原因,是磷酸盐与悬浮颗粒物发生了液-固界面的吸附-解吸作用,即河口悬浮颗粒物能从富含磷酸盐的水体吸附磷酸盐,而后又能在低浓度的水中释放出磷酸盐,这样就使水体的磷酸盐浓度保持在一个相对恒定的范围。

N/P 比值。从硝酸盐、磷酸盐的季节变化可以看出,这些盐类的含量与海洋植物的活动有密切关系。如果其含量很低,则会限制生物活动,因此其也被称为生物生长限制因子。生物在吸收这些盐类时一般是按比例进行的,由于生物作用的影响,一定存在固定的关系;根据大洋中硝酸盐、磷酸盐分布情况大致相近的特点,可以断定这两种盐类在大洋中的含量之间有着一定的比值,称为 N/P 比值。三大洋的 N/P 比值从调查结果来看是近似恒定的,即 N/P=16(原子数),N/P=7(质量)。大洋是如此,但近海和浅海区 N/P 比值并不恒定,不同的区域有不同的比值,有些区域随着季节还有变化,如美国华盛顿州 Friday 港表层水的 N/P 比值在 12~14 之间,并且随着季节的不同而变化。我国胶州湾 1991 年以前,N/P 比值年平均值为 10~31,夏季为 9~18,基本正常;1991—1994 年则升高到 24,1998 年夏季由于大量降水升高到 240。N/P 升高导致 P 的供给相对不足,磷成为浮游植物生长的限制因子。

5.3 硅

5.3.1 硅在海水中的存在形态

海水中的硅酸盐与硝酸盐及磷酸盐一样,也是生物所必需的营养盐之一。尤其是对于硅藻类浮游植物、放射虫和有孔虫等原生动物以及硅质海绵等海洋生物,硅更是构成其有机体不可缺少的组分,现就海水中硅的存在形态及其含量和分布规律做简单的介绍。

海水中硅的存在形态颇多,有可溶硅酸盐、胶体状态的硅化合物、悬浮硅和作为海洋生物组织一部分的硅等。其中以可溶性硅酸盐和悬浮二氧化硅两种形态为主(黏土矿物中所含硅酸盐除外)。海洋中可溶性硅的平均浓度为 36 $\mu mol/dm^3$,在大洋深水中可达 100~200 $\mu mol/dm^3$。

硅酸是一种多元弱酸,在水溶液中有以下平衡:

$$H_4SiO_4 \longrightarrow H^+ + H_3SiO_4^- \longrightarrow H^+ + H_2SiO_4^{2-}$$

在海水 pH 为 7.8~8.3 时,约 5% 的溶解硅以 $H_3SiO_4^-$ 形式存在,溶解硅主要是以单分子硅 H_4SiO_4 的形态存在。通常把可通过 0.1~0.5 μm 微孔滤膜,并可用硅钼黄比色法测定的低聚合度溶解硅酸等称为"活性硅酸盐",这部分易被硅藻吸收。

第5章 海水中的营养盐

关于海水中硅酸的溶解度问题,曾有许多化学海洋学家进行过研究,在25℃时,硅石(SiO_2)在纯水中的溶解度为 180 $\mu mol/L$(以含硅量表示,下同),而在 0℃时,则为 79 $\mu mol/L$。根据这些数据分析,天然海水中硅酸盐是处于不饱和状态的。因此,在海水中不可能发现硅石自行沉淀析出现象,而只能是趋于继续溶解。在大洋中已观测到溶解硅酸的最大含量约为平均饱和量的三分之一。这意味着在大洋水中 SiO_2 并非饱和。

海洋中硅的生物地球化学过程。印度洋中悬浮的黏土中含有 70% 以上直径小于 10^{-3} cm 的含硅粒子。这些相当数量的含硅物质是由大陆径流带入海洋的。河流带进海洋的悬浮矿物质是决定海洋中硅含量高低的主要因素。海水中硅酸减除的重要途径如下:由于硅不可逆地进入硅质生物体中,使大量硅迁入沉积物中,如硅藻、有孔虫和硅海绵对硅有很高的富集作用。然而,许多海洋学者研究发现沿岸通常呈现低盐度而高硅量的现象,认为这是因为进行着硅酸的非生物移出过程,即化学沉析过程。李法西等认为,这是由于河水中溶解的 Fe、Al、Mn 等在河口与海水混合,在一定的 pH、Eh 和电解质浓度条件下,生成水合氧化物及其胶体沉淀[$(AlOH)_3$ Fe $(OH)_3$]所致。这些新生物质化学吸附海水中活性硅,形成铁、铝硅酸盐,成为多相矿粒,然后沉积到海底。

5.3.2 海水中硅酸盐的含量分布与变化

硅在海洋中的含量分布规律一般与氮、磷元素相似,海水中硅的浓度受地质和生物两过程的影响,硅是海洋中浓度变化最大的元素,无论是丰度还是浓度变化幅度都比 N、P 元素大。因此,其在海水中的分布规律有它的特别之处。

水平分布。硅酸盐在海洋中的分布曾为许多学者所研究。在大西洋南部(不包括高纬度区),在水深 1 000 m 到海底的水层中,硅含量为 20～57 $\mu mol/L$,印度洋为 40～78 $\mu mol/L$,而太平洋北部和东北部约为 170 $\mu mol/L$,海水中硅的最大浓度在白令海东部与太平洋毗邻的海区,这里底层水所含硅量为 180～200 $\mu mol/L$,有时竟高达 220 $\mu mol/L$。由此看出,深水中硅含量由大陆径流量最大的大西洋朝着太平洋(大陆径流最小的)的方向显著增加,其他生源要素(硝酸盐和磷酸盐等)也是如此,这是由世界大洋环流的方向和生物的循环所决定的。

垂直分布。海水中硅酸盐的垂直分布较为复杂,与硝酸盐和磷酸盐的分布有所不同,其在大洋水中分布的主要特点是:首先,中间水层硅的含量没有最大层,而是随深度增加而逐渐地增加,在太平洋底层水中,硅含量竟高达270 μmol/L,特别是南极海洋的冰和深层水部出现浓度很高的磷酸盐和硅酸盐,在南极辐聚区硅的含量高达5 200 μg/L;深层水硅酸盐含量如此之高,不仅与生物体下沉溶解有关,而且与底质表层硅酸盐矿物质的直接溶解有关。但是,海洋中硅的浓度随深度增加而增加并不总是有规律的,在某些海区,其垂直分布出现最大值。其次,三大洋水中硅的垂直分布也有很大的不同,太平洋和印度洋深层水中含硅量要比大西洋深层水中高得多。太平洋深层水中硅的富集是大西洋深层水的5倍。但太平洋深层的硝酸盐和磷酸盐含量仅为大西洋深层的2倍。

季节变化。硅酸盐同磷酸盐和硝酸盐一样,它的含量分布具有显著的季节变化(图5.11),反映了生物生命过程的消长。在春季(4—6月),因浮游植物,尤其是硅藻的繁殖旺盛,海水中硅酸盐含量大为减少。但由于含有大量硅酸盐的河水径流入海,每年以溶解状态补充到海洋中的硅酸盐总量约

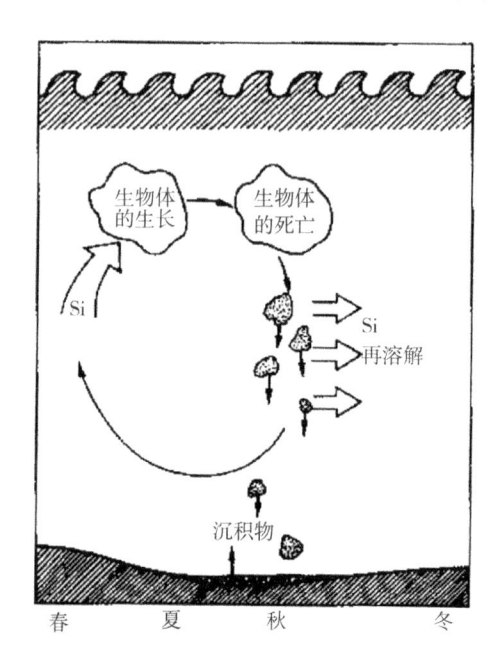

图5.11 硅酸盐的季节变化

为 $3.24×10^8$ t(以 SiO_2 形式计算),因此,生物活动减少的硅酸盐不至像磷酸盐和硝酸盐那样,可消耗至零。夏季,由于表层水温升高,硅藻生长受到抑制,硅含量又有一定程度的回升。在冬季,生物死亡,其尸体下沉腐解使硅又重新溶解于海水中,因而海水中硅酸盐含量迅速提高。最后,未溶解的硅下沉到海底,加入硅质沉积中,经过漫长的地质年代后,可重新通过地质循环进入海洋。但硅和氮、磷在循环过程中是不同的。氮和磷必须在细菌作用下才能从有机质中释放出来,而硅质残骸主要是靠海水对它的溶解作用释放硅。

5.4 富营养化与赤潮

富营养化是水体老化的一种现象。它指的是由于地表径流的冲刷和淋溶,雨水对大气的淋洗,以及带有一定的营养物质的废水、污水向湖泊和近海水域汇集,使得水体的沿岸带扩大,沉积物增加,N、P 等营养元素数量大大增加,造成水体的富营养化。富营养化现象在人为污染水域或自然状态水域均会发生。引起富营养化的物质,主要是浮游生物增殖所必需的元素,有 C、N、P、S、Si、Mg、K 等 20 余种,其中 N、P 最为重要。一般认为 N、P 是浮游生物生长的制约因子。

N 主要来源于大量使用化肥的农业排水和含有粪便等有机物的生活污水。P 主要来自含合成洗涤剂的生活污水。工业废水对 N、P 的输入也起着重要作用。微量元素 Fe 和 Mn 有促进浮游生物繁殖的功能。维生素 B12 是多数浮游生物成长和繁殖不可缺少的要素。

水体富营养化为水生植物(主要是浮游植物)的生长繁殖提供了大量营养物质,并往往导致赤潮的发生。赤潮在国际上也称有害藻类(HAB),是指在一定的环境条件下,海洋中的浮游微藻、原生动物或细菌等在短时间内突发性链式增殖和聚集,导致海洋生态系统严重破坏或引起水色变化的灾害性海洋生态异常现象。世界上多数临海国家的近海海域富营养化呈现加剧趋势,赤潮发生十分频繁。

赤潮对环境的危害主要表现在以下几个方面:
(1) 影响水体的酸碱度和光用度。
(2) 竞争消耗水体中的营养物质,并分泌一些抑制其他生物生长的物质。

（3）造成水体中生物量增加，但种类数量减少。

（4）许多赤潮生物含有毒素，这些毒素可使海洋生物生理失调或死亡。

（5）赤潮藻也可使海洋动物呼吸和滤食活动受损，导致大量的海洋动物机械性窒息死亡。

（6）处在消退期的赤潮生物大量死亡分解，水体中溶解氧大量被消耗，导致其他生物死亡。

总的评价：赤潮不仅严重破坏了海洋生态平衡，恶化了海洋环境，危害了海洋水产资源，危及海洋生物，甚至威胁着人类的健康和生命安全。

赤潮大多发生在内海、河口、港湾或有上升流的水域，一般发生在春、夏季，这与水温有关。赤潮是一种复杂的生态异常现象，是涉及水文、气象、物理、化学和生态环境的多学科交叉的海洋学问题。多数学者认为，富营养化是形成赤潮的主要原因，但不唯一。温度、盐度、pH、光照、海流、风速、细菌量和微量元素等条件都有影响，不同海域，赤潮爆发的成因也不同。

已知的赤潮生物有 4 000 多种，40 属，主要是甲藻和硅藻。赤潮治理大都利用化学手段，如直接灭杀法使用 $CuSO_4$、$NaClO$、O_3 和过碳酸钠等无机物。此外，目前研究较多的是有机除藻剂，采用的是利用胶体化学性质的凝聚法（如采用氧化铝溶胶聚合体的无机凝聚剂、高分子凝聚剂以及天然黏土矿物助凝剂等）。预防水体富营养化是预防赤潮的重要手段。

我国记录的赤潮总的来说东海和南海多于黄渤海，20 世纪 50—90 年代，南海共记录了 145 次，占赤潮总额次的 45%；东海区记录了 118 次，占总数的 36.3%；黄海区记录了 32 次，占记录总数的 10%；渤海区记录了 27 次，仅占记录总数的 8.3%。这表明赤潮发生的频次有从北到南递增的分布趋势。但是，赤潮的规模从南到北则有不断扩大的趋势，1998—2000 连续 3 年，国际上罕见的面积达到几千平方千米的特大赤潮都发生在渤海和东海。

赤潮的预防方法：

（1）控制海水的富营养化。水体富营养化为赤潮生物大量繁殖和赤潮形成提供了物质基础。要加强对生产洗涤剂企业的管理，禁止生产含磷洗涤剂，杜绝含磷废物的排放。

（2）改善水质和底质生态环境。在含氮、磷的污水中种植水生植物如芦苇、蒲草等，这些植物能吸附和吸收氮、磷、挥发酚等成分，制约浮游藻类生长,净化水质。

(3) 减缓海水养殖自身对海洋生态环境的影响。选择对水质有净化作用的养殖品种进行多品种混养、轮养和立体养殖,充分利用水体,合理开发。

(4) 控制有毒赤潮生物外来种类的侵入。通过货运船压舱水的排放,赤潮生物种类可能从一个海域被携带到另一个海域,应采取严格措施,杜绝外来赤潮生物的侵入。

(5) 大力发展赤潮监测技术,运用卫星遥感技术防止赤潮灾害的发生。

(6) 加强公众教育。通过报刊、广播、电视、网络等各种新闻媒介,向全社会广泛开展关于赤潮的科普宣传,通过宣传教育,增强抗灾防灾的意识能力,同时也呼吁社会各方面在全面开发海洋的同时,高度重视海洋环境的保护,提高全民保护海洋的意识。

赤潮的治理方法:

1. 物理方法

(1) 机械搅动法。利用动力或机械方法搅动底质,促进海底有机污染物分解,恢复底栖生物生存环境,提高海区的自净能力。

(2) 撒播黏土法。利用黏土矿物对赤潮生物的絮凝作用以及利用黏土矿物中铝离子对赤潮生物细胞的破坏作用来消除赤潮,利用黏土治理赤潮具有对生物和环境无害、促进生态系统的物质循环、黏土资源丰富、操作简便易行等优点。

(3) 围隔法。利用围栏把赤潮发生区域进行围隔,避免扩散、污染其他海域。

(4) 过滤分离法。通过机械设备把含赤潮生物的海水吸到船上进行过滤,分离赤潮生物。

(5) 改变因子法。改变温度、光照、盐度、营养物、微量元素等物理因子,改变赤潮生物生存条件。

2. 化学方法

(1) 直接灭杀法。该法旨在利用化学药品直接杀死赤潮生物。目前已发现能杀死赤潮生物的化学药品有多种。国际上对该类药品的一般要求是:①低浓度下能迅速破坏、杀死赤潮生物。②在海水中易分解、消失。③对非赤潮生物不产生影响。④成本低。目前尚未发现某种药品完全符合上述要求。但实验表明,在不同的要求和条件下仍有些化合物可供选择。

如硫酸铜、高锰酸钾、次氯酸钠、氯气、过氧化氢、臭氧、过碳酸钠等。直接灭杀法是目前较常用的方法,具有操作简单、用量较少等优点。但在生态环境、对非赤潮生物的影响以及成本等方面也存在诸多问题。

(2)絮凝剂沉淀法。利用物质的胶体化学性质,使赤潮生物凝聚、沉淀而后回收是该方法的主要目的。现在国际上使用的凝聚剂有三大类:无机凝聚剂、表面活性剂和高分子凝聚剂。无机凝聚剂又称为电解质凝聚剂,普遍使用的是铝和铁的化合物,主要利用铝盐和铁盐在海水状态下形成胶体粒子,对赤潮生物产生凝聚作用。该作用与溶液 pH 有关。

3. 生物方法

(1)微生物法。

①利用真菌抑制微藻的生长。一些真菌可以释放抗生素或抗生素类物质抑制藻类的生长。

②利用病毒抑制微藻的生长。有些病毒或 VLPs(病毒样颗粒)有"专一的宿主",可以特异性地感染亲缘关系近邻的一些藻类,这类病毒可用作转移致死基因的载体,杀死有害或不需要的藻类。

③利用细菌抑制微藻的生长。细菌对藻类的影响主要体现在:一方面细菌吸收藻类产生有机物质,并为藻类的生长提供营养盐和必要的生长因子,从而调节藻类的生长;另一方面,细菌也可以通过直接和间接作用抑制藻类的生长,甚至裂解藻细胞,从而表现为杀藻效应,这类细菌一般称为溶藻细菌。

④利用其他藻抑制微藻的生长。许多研究结果表明,一些微藻之间存在拮抗作用。Honjo 等发现赤潮异弯藻能产生或分泌一种多糖,强烈抑制以骨条藻为优势种的中心硅藻的增殖,而对三角褐指藻和异弯藻本身的生长则有促进作用。

(2)利用植物间的拮抗作用抑制赤潮生物的生长。大型植物和微藻在自然和实验水生生态环境中存在拮抗作用。通常,它们可通过竞争有限的营养盐和光照的方式来抑制微藻的生长。另外,大量研究证实,许多大型植物(如大型藻类、海草等)可以通过分泌种间化学物质来限制微藻的生长。

(3)利用海洋动物或海洋滤食性动物去除赤潮生物。大多数赤潮生物如硅藻和甲藻等,通常是浮游动物的直接饵料,也是其他海洋动物的直接或间接食物。因此可以根据生态系统中食物链的关系,引入摄食赤潮生物的其他动物(如桡足类浮游动物、微型浮游动物及纤毛虫等),通过捕食达到抑制或消灭赤潮生物的目的。

(4)保护红树,减少赤潮发生。红树林是全球热带海岸特有的湿地生态系统,对于富含N、P营养污染物的污水处理与再利用特别有效,被视为很多污染物廉价而有效的处理厂。研究表明,红树对有机废水具有较大的净化潜力,底泥可作为废水污染物的沉积地,所以保护红树林有助于减少赤潮的发生。

思考题

1. 何谓海水中的营养盐?它在海洋学上的重要性如何?主要体现在海洋化学的哪些分支领域?
2. 海洋中的氮循环有何特征?
3. 硝酸盐在世界各主要大洋中的垂直分布有何规律和特征?
4. 举例说明海水中有机氮与无机氮之间有何关联。
5. 磷酸盐在世界各主要大洋中的垂直分布有何规律和特征?
6. 海洋中磷循环如何描述?其特征是什么?
7. 何谓海水中营养盐的氮磷比?世界主要大洋的氮磷比值是多少?
8. 硅酸盐在世界各主要大洋中的垂直分布有何规律和特征?对比讨论中国海的硅酸盐分布与世界大洋硅酸盐分布的异同之处。
9. 试综合表述氮、磷、硅三种营养盐的元素生物地球化学过程和循环。
10. 何谓富营养化?何谓赤潮?二者之间有什么关系?
11. 谈谈赤潮治理的方法。

第 6 章　海洋中的微量元素和海洋重金属污染

6.1　海水中的微量元素

6.1.1　微量元素的定义及特点

海水中的常量元素含量高,性质稳定。而且它们之间具有恒比关系,在各大海区这种恒比关系恒定,已基本上成为定论。微量元素却不同,它们含量虽少,却参与了各种物理过程、化学过程和生物过程。研究这些过程中微量元素的含量、分布变化及它们的存在形态,可从中发现新问题,并将推动海洋化学领域向新的方向前进。

微量元素(或痕量元素)的定义:海水中元素的含量低于 1 mg/dm^3 的元素。不包括溶解气体、营养盐和放射性核素。它们在海水中的含量非常低,仅占海水总含盐量的 0.1%,但其种类却比常量组分多得多。

微量元素与常量元素的差异:常量元素含量高、性质稳定(保守性),与盐度关系密切,浓度随物理过程变化。微量元素含量低而易变(非保守性),大部分与盐度关系不密切,浓度受进入或迁出溶液的各种物理、化学、生物及地质过程的影响。微量或痕量是相对于常量元素而言,因所处的体系不同而不同,如铝在地壳中是主量元素,但它在海水中为微量元素。

1. 海水中微量元素的特点

(1)非保守性。海水中微量元素的含量随地理位置、深度、季节等变化而变化(氯度比值不恒定)。原因主要有以下几点:地球化学活性较大(海洋微量元素广泛参与元素地球化学循环);区域性变化大,如河口区(河流)、火山周围(火山活动)、表层水(大气输入等);生物活性大,如 Fe、Cu、Zn、Mn、Co 等元素正常浓度是生物体基本成分,被生物利用后进行富集,则可能对生物体产生毒性。

(2) 含量低。海水中微量元素的含量小于 $1\ mg \cdot kg^{-1}$,其总量小于海水总盐量的 0.1%。

(3) 循环和迁移变化复杂。进入海洋的微量元素一般要经过物理、化学和生物等迁移转化过程。水动力迁移主要是物理因素,如潮汐、海流和涡动扩散等多变量综合作用;化学过程引起的迁移包括物理(界面)化学、光化学过程;生物地球化学作用与生物迁移主要是指生物通过吸附、吸收或摄食而将微量元素富集在体内外,并随生物的运动而产生水平和垂直方向的迁移。

(4) 研究难度大。由于含量低,微量元素的含量($10^{-9} \sim 10^{-12}$,质量分数)小于测定方法或仪器检出限;取样玷污问题严重;样品贮存或固定难度大;分析测定环境的要求较高。

2. 海水微量元素的研究历史

科学家们对海水微量元素的地球化学研究从 20 世纪 50 年代开始。1952 年,Barth 提出并计算了元素在海水中的停留时间;1954 年,Goldberg 发表了微量元素从海水向海底转移的研究结果;1956 年,Krauskopf 对海水中 13 种微量元素的浓度和影响因素进行了实验室模拟试验。但是早期测定的数据,有一些是不可靠的,只有在 P.G.Breuer 于 1975 年总结并发表了海水微量元素的含量、可能的化学形式和停留时间的估算表之后,微量元素的测定才有一些准确度很高的结果。

痕量元素研究方面的两大改进:

(1) 仪器分析和分析化学的重大改进:近些年来,高灵敏度、高准确度的仪器和新的测定方法有了相当大的发展。例如,石墨炉原子吸收光谱、感应耦合等离子发射光谱、差分脉冲阳极溶出伏安法、气相色谱和高效液相色谱法、同位素稀释质谱法、X-射线荧光光谱法等。由于这些高灵敏度和高科技方法的应用,并采用预先富集的方法,例如,用螯合剂二硫代氨基甲酸盐、8-羟基喹啉和二硫腙的液-液萃取法,用树脂螯合离子交换法,用钴吡咯烷二硫代氨基甲酸盐作为载体的共沉淀法进行预先富集,使灵敏度大大提高并降低了检测极限。从 1975 年以来,重新测量的痕量元素的浓度已被证实为以前公认的浓度的 1/10~1/100,并发现这些痕量元素的垂直分布图与海洋中已知的生物、物理和地质过程相一致。

(2) 在取样、贮存和分析期间对污染的消除和控制:在采样、贮存、分析期间使用各种无污染的采水器,减少、改善并控制污染,防止和消除来自试剂、器皿的污染。在超净实验室进行测定,并确定一系列避免污染的程序或规范,使污染消除或缩小。这样能够测出更加准确的、可靠的分析数据。在最近 40 年期间,海水中被承认的锌的浓度下降了三个数量级,这并不代表锌的浓度在 40 年中下降了这么多,而是在取样、贮存和分析期间污染的程度得到改进和控制的结果。第三是各实验室进行互相验证,如对同一水样采用不同的采水系统、不同的分析方法、不同的贮样器皿,然后把分析的结果进行比较,从而得到比较准确可靠的数据。在海洋断面地球研究计划(GEOSECS)期间,许多学者利用装在一个罩盘上的 30 L 的尼斯金采水器采集样品,已在海洋学上获得许多痕量元素的一致结果。

痕量元素和同位素海洋生物地球化学循环(GEOTRACES)对当今海水中微量元素相关研究制定了指引性的目标:即通过控制在海洋中关键微量元素和同位素的分布来确定变化过程和通量的量化,并建立对这些分布的敏感性变化的环境条件。

6.1.2 微量元素的输入与迁出

海洋中微量元素的输入途径包括河流把陆地岩石风化的产物输入海洋中以及大气输入、冰川运动、海底火山作用和热水作用、其他输入等(人类工业排放、外海区沙漠尘暴等)。以 Garrelsand Macknzie 在 1971 年的统计数学为例说明,输入海洋物质的总量大约为 25 Gt·a^{-1},河流输入占了 90%,其中溶解态为 4.2 Gt·a^{-1},固态为 18.3 Gt·a^{-1},大气输入为 0.006 Gt·a^{-1},冰川输入为 2 Gt·a^{-1}(90%来自南极大陆)。

海水中微量元素的迁出(吸附和沉淀):

(1) 通过浮游生物的吸收、浮游生物的粪便或尸体向海底的沉降,可将痕量元素从海水中迁出。

(2) 有机颗粒物质的吸附和清除作用。

(3) 水合氧化物和黏土矿物吸附并沉降至海底,成为沉积物的一部分。

(4) 结合到铁锰结核上。根据直接的化学分析,锰铁结核吸收的相应顺序可能是 Co>Ni>Cu>Zn>Ba>Sr>Ca>Mg。

6.1.3 海水中微量元素的分布类型

1983 年 Bruland 提出微量元素垂直分布的 7 种基本类型。

(1) 保守型。这类微量元素在海水中比较稳定,反应活性低,其浓度与盐度的比值恒定,从表层到底层均匀分布,与主要成分一样可视为保守型元素。属于这一类分布的微量元素有水合阳离子 Rb^+ 和 Cs^+ 以及钼酸根阴离子(MoO_4^{2-})。

(2) 营养盐型。这类元素的垂直分布类似于营养盐的分布。众所周知,因为营养盐参与生物地球化学循环,因此营养盐的垂直分布呈现表层耗尽而深层富集的分布。这是由于浮游植物从表层吸收这些元素,通过生物过程将其转化成颗粒物质,当这些生物碎屑的颗粒物质逐渐变大时就产生沉降,把这些痕量元素从表层迁移走。当沉入中层和深层的这些颗粒物质被氧化并重新溶解时,这些营养元素就再生进入深层水中。因此,这类元素呈现表层低而深层高的分布。营养盐型的分布又可再分为磷酸(盐)型(硝酸盐型)、硅酸盐型及铜型。磷酸型和硅酸型是分别呈现与 PO_4-P 和 SiO_2-Si 的分布有良好的相关性的元素。磷酸盐型分布可在中层深度观测到最大值,这是由于浅水再生循环引起的。属于这类分布的痕量元素如 Cd 和 As(V)。硅酸盐型分布可在深层观测到最大值,这是由于深层水再生循环引起的。属于这类分布的痕量元素是 Ba、Zn 和 Ge。从一些痕量元素的分布,例如 Ni 和 Se 的分布,推断出有浅水和深层水相结合的再生循环。铜型属于营养盐型,但是,它是从中层向底层浓度增加的元素。

(3) 表层富集而深层耗尽的分布类型。这类痕量元素首先是由供给源输送给表层水,而后迅速地并永久地从海水中迁移走。这些元素在海洋中的停留时间相对于海洋混合时间是较短的。引起表层富集的过程有以下三种:①主要由大气输送到海洋表层,紧接着在整个水体中被清除,例如 Pb 和 210Pb 就属于这种分布类型。②主要由河流输送或从陆架沉积物中释放出来,通过水平混合进入表层水,从而引起表层达到最大值,Mn 和 228Ra 属于这种情况。③在表层水内由于生物的调解还原过程与整个水体的氧化还原平衡结合,使得某些元素的氧化态或颗粒化学形态在表层得到富集,例如 As(Ⅲ)

和如 Cr(Ⅲ)。

(4) 中层深度最小值的分布。中层深度最小值是由表层的输入,在海底或海底附近再生或在整个水体中清除产生的。已有报道 Al 和 Cu 呈现这种类型的分布。

(5) 中层深度最大值。中层深度最大值是由于热液活动引起的,Mn 和 ^{3}He 是呈现这种分布的最好例子。

(6) 中层深度最大值或亚氧化层最小值。在东部热带太平洋和北印度洋一直有发现典型的亚氧化层的广泛分布。由于在水柱或在邻近斜坡沉积物中还原过程的作用,在这种区域能够出现痕量元素的最大值或最小值。①如果元素的还原形式与它的氧化形式比较,相对来说是可溶的,就出现最大值,例如 Mn(Ⅱ)和 Fe(Ⅱ)。②当元素的还原形式相对来说是比较难溶的,或易于与固相结合的,例如 Cr(Ⅲ),那么就出现最小值。

(7) 与缺氧水体有关的最大值或最小值。在水的循环受限制的区域,例如卡里亚科海沟和萨亚尼茨海湾,由于 SO_4^{2-}-H_2S 氧化还原电对的产生而使得水体变成缺氧并产生还原条件:①当痕量元素的还原形式比在氧化条件下存在的形式更可溶时就出现最大值,例如 Mn(Ⅱ)和 Fe(Ⅱ)。②当还原形式相对来说是比较难溶的,或易于与固相结合的,就出现最小值,例如 Cr(Ⅲ)。

6.1.4 影响微量元素分布的各种过程

(1) 生物过程。浮游植物通过光合作用和呼吸作用控制着营养元素的分布及变化。有些微量元素在海水中的分布,与某种营养元素十分相似,如 Cu 和 Cd 的分布与 N 和 P 的分布相似,而 Ba、Zn、Cr 的分布与 Si 相似。这都说明生物过程很可能是控制海水中 Cu、Cd、Ba、Zn、Cr 等元素分布的因素之一。

(2) 吸附过程。悬浮在海水中的黏土矿物、Fe 和 Mn 的氧化物、腐殖质等颗粒在下沉过程中大量吸收海水中各种微量元素,将它们带至海底进入沉积相,这也是影响微量元素在海水中浓度的因素。

(3) 海-气交换过程。有几种微量元素在表层海水中的浓度高,在深层海水中的浓度低。如 Pb 在表层海水中浓度最大,在 1 000 m 以下的海水中浓度随深度的增加而迅速降低,这是受到海-气交换过程所控制。

(4) 热水活动。海底地壳内部的热水,常常通过地壳裂缝注入深层的海水中,形成海底热泉,它含有大量的微量元素,因而使附近深海区的海水组成发生很大变化。

6.2 海洋中微量元素的生物地球化学

6.2.1 海洋中的某些微量元素

(1) 铅。地壳中铅的平均丰度为 16 $\mu g \cdot g^{-1}$,而海水中含量很低,约 0.01 $\mu g \cdot dm^{-3}$。每年约有 $2 \times 10^{10} \sim 3 \times 10^{11}$ g 铅由自然途径进入大气圈,其中约 4% 为人类排放。大气中的气溶胶铅最终通过降水或沉降到达地表。由河流进入海洋的铅约 99% 随悬浮颗粒物在陆架区沉降。海水中溶解铅的主要形式为 $Pb(CO_3)_2^{2-}$。约 75% 的溶解铅越过陆架进入深海。海水中铅的存在形式有自由离子及铅的无机络合物、有机络合物,颗粒态铅等。海水中铅的分布一般为近岸高、外海低、表层高、深层低。

(2) 汞。大洋海水中汞的含量很低,约 0.02 $\mu g \cdot dm^{-3}$,不会有生态危害。近岸区域可达 0.1 $\mu g \cdot dm^{-3}$,甚至更高,形成汞污染。氧化条件良好的水体中,溶解态汞主要以正二价存在,形成多种络合物及自由离子。缺氧水中有 Hg^0、Hg_2^{2+}、Hg^{2+} 存在。在无氧还原条件下,主要是以 Hg^0 和 HgS_2^{2-} 形式存在。在微生物或生物作用下,汞转化为甲基汞或二甲基汞的作用称作"汞的生物甲基化作用"。汞的甲基化作用多在沉积物界面上发生。在厌氧和充氧条件下都可以发生,无氧条件下速度快些。汞的甲基化速率与有机物含量、汞的浓度、温度、氧化还原电位(Eh)、pH 有关。

汞的毒性。无机汞的毒性 $Hg^{2+} > Hg^0$;有机汞毒性较轻的为苯基汞和甲氧基乙基汞,有剧毒的为烷基汞,其中又以甲基汞(水俣病的元凶)和乙基汞毒性最大。

(3) 其他微量元素,铝、类营养元素(Se、Zn、Cd、Ni 等)。与生物生长有关,是生物生长的必需元素,其垂直分布类似于营养盐。

6.2.2 微量元素的生物地球化学

微量元素的生物地球化学研究是海洋化学的学科前沿,尤其是铁元素。

虽然大部分溶解态的重金属元素,最终要从海水中转移到海洋沉积物中,但它们在最后移出之前,可能要经历不同程度的内部再循环——生物地球化学过程。这种再循环过程可能涉及重金属被颗粒物质吸附,而当这种颗粒物质被氧化或溶解时,重金属元素被再次释放出来。重金属的这种再生作用可能发生在海水层面,也可能发生在表层沉积物中,随后又扩散到水层中。

1. 生物地球化学过程的控制因素

海洋中痕量元素的地球化学过程是相当复杂的。其地球化学平衡过程主要由下面四个过程控制:

①与颗粒物质的作用。
②在水合氧化物胶体上的吸附作用。
③与生物体的相互作用。
④与有机物配位体的相互作用——形成金属有机络合物。

颗粒物质通过其形成过程和沉降过程能吸附一些痕量元素,并从水体迁移走这些痕量元素。这些颗粒的产生主要是在透光层。浮游植物通过光合作用从海水中摄取一些痕量元素,成为浮游植物体的组成部分,这些浮游植物大多数被浮游动物所摄食,一些未被消化的残渣被包裹在粪便中排出形成颗粒物质。颗粒物在沉降过程中也会吸附一些痕量元素,最后沉降到海底,成为沉积物的部分。因此,这些颗粒物质的产生、沉降和分解是控制海水中痕量元素分布的重要因素。Goldberg 把这种吸附过程称为"消除"(Scavenging),Turekian、Brewer 和 Balistrieri 等人进一步发展了痕量元素的"清除"概念。许多研究者利用大体积抽吸系统和沉积物收集器对颗粒物质的通量以及在深海中沉降颗粒的吸附性质进行了研究,提供在水体中所发生的痕量元素的吸附过程和溶解过程的资料。

水合氧化物胶体能从海水中吸附一些痕量元素,致使这些痕量元素从海水中迁移走。Sholkovitz 提出了一种模型,定性地预言痕量元素在河口的反应能力。他假设:①在河水中,有一部分溶解的痕量元素以胶体形态存在,这种胶体在物理化学上与胶体腐殖酸和水合氧化物有关;②由于这些胶体的絮凝作用对腐殖酸和水合氧化铁絮凝物发生吸附作用,从而引起痕量元素的迁移;③在河口的混合期间,痕量元素的迁移程度和盐度的关系,将由在海水阳离子的存在下,通过痕量元素对海水中的阴离子、腐殖酸和水合氧化铁的相对亲和力来确定。Sholkovitz 利用过滤的河水作"产物模型"混合实验,发现由于 Fe-腐殖酸胶体牢固缔合的絮凝作用,Fe 几乎完全被迁移。Cu 和 Ni 也发生明显的迁移(40%)。因为 Cu 和 Ni 对腐殖酸和水合氧化铁的亲和力是跟海水阳离子对腐殖酸和水合氧化铁的亲和力进行"竞争"的,而 Cd 和 Co 仅迁移 5% 和 10%,因为 Cd 和 Co 在海水中形成很牢固的氯络合物。Sholkovitz 等人指出,痕量元素通过絮凝作用,从河口水转移的程度是不同的,Fe(80%)和 Cu(40%)最明显,Ni 和 Cd(15%)中等,而 Mn 和 Co 基本上没有转移。当然各个河口转移程度各不相同,不能一概而言。

除了吸附过程以外,痕量元素在逆光层被浮游植物摄取也是痕量元素控制的因素之一。在海洋中被初级生产者摄取的某些痕量元素,如 V、Cr、Mn、Fe、Co、Ni、Zn 和 Mo 是作为生物体的微量营养元素被吸收的。这类痕量元素对生物需求金属系统和活化金属酶系统起着重要的作用,这些系统能促进糖解、光合作用、蛋白质的代谢作用。Jackson 和 Morgan 指出,由于在细胞-溶液界面,金属-细胞的反应速率和机理及在细胞层的金属-蛋白质、金属-金属的相互作用还不知道,因此,我们关于生物活动摄取金属的机理研究受到限制。

海水中的一些痕量金属加过渡金属元素(Cu、Fe、Ni、Zn 等)不但能与许多无机配位体(Cl、OH^- 等)形成稳定的络合物,而且能与有机配位体形成稳定的络合物。已证实在蛋白质的活性中心含有这些金属元素,在其酶作用中起着重要的作用。痕量金属与有机配位体形成络合物是重要的生物地球化学过程,它控制着海水中这些痕量元素的浓度。

2. 微量元素的再循环

大多数溶解的痕量元素最终从海水储库中转移到海洋沉积物中,但是,在它们最后转移之前,在海洋内部可能遭受到不同程度的再循环,这种再循环包括痕量元素被颗粒相吸附、紧接着颗粒载体相遭受到氧化作用或溶解作用而再生。痕量元素的再生作用可在中、深层水体中发生,也可在沉积物内部或表层发生,随沉积的溶解、扩散返回到水体中。

(1)颗粒的再生作用。颗粒物质的产生、沉降和分解是控制海洋中痕量元素分布的重要因素。这些颗粒主要是海洋生物排泄的粪便、未消化的残渣、死亡的尸体碎屑,它以每年几米到每年几千米的速率沉降。颗粒物质的氧化作用或溶解作用一般在中层或深层水中发生,即按平均计算,发生在有机颗粒产生的深度更深的地方。在水体中,颗粒通量的研究在过去几年已得到相当大的重视。McCave 通过陆标的研究大大促进了颗粒通量的研究,他指出:大颗粒的迅速沉降,是把大量物质和痕量元素输送到深海的原因。最近利用大体积抽吸系统和沉积物收集器进行的研究已证明大颗粒对垂直质量通量的重要性。这种测量提供了痕量元素在水体中被吸附、溶解过程和再生过程的重要资料。

(2) 海底通量及再生过程。在海底的再生作用是痕量元素海洋循环的关键过程之一,在过去的几年间,从利用沉积物收集器和海底通量箱的研究以及从间隙水化学研究得到的结果,使我们对痕量元素再循环速率的研究已有了较大的进展。利用沉积物收集器的研究已提供了关于痕量元素在海底的沉积速率,已证明这种沉积速率在估算痕量元素在海底通过氧化作用、溶解反应的再生过程,再返回到海水中的程度方面是非常有用的。直接测量海底通量的通量箱,现在正快速地发展并把锰结核项目应用于开阔大洋地区。

(3) 清除和再循环模型。痕量元素在海洋中的生物地球化学循环通常根据 Broecker1974 年提出的箱式模型来描述。这种模型假设痕量元素通过生物活动从表层海水中清除,然后以颗粒物质形式转移到深层水中,其中一部分重新溶解并通过混合作用和上升流返回到表层水中,其余部分即被埋葬在沉积物中而从水体中永久地移走。迁移到沉积物中的这部分微量元素被由河流、大气和热液输入的痕量元素所平衡。如果在深层水中重新溶解的这部分痕量元素的量是大的,那么在元素最后迁移到沉积物之前它可以在海水中停留很长的时间,在海洋内部再循环。Broecker 1974 年已推荐这种箱式模型应用于 Ba 的研究。

3. 铁的生物地球化学

超过 10% 的世界海洋表面海水,包括北太平洋、赤道太平洋和南极附近太平洋的表面海水,主要的植物生长营养盐(硝酸盐、磷酸盐和硅酸盐)以及光是充足的;但浮游植物生物量却是低的,呈现"高营养盐-低生产力"现象。低生产力也显示在低叶绿素上,故这样的海区也被称为"高营养盐-低叶绿素"(High Nutrient Low Chlorophyll,HNLC)海区。

铁是电子迁移和酶体系中基本的痕量元素,Martin 提出铁假设:在世界海洋高营养盐-低叶绿素(生产力)的海区,铁的可利用性限制浮游植物生长的比率(单位生长率)。铁假说有两个必然结果:①铁的可利用性限制了浮游植物对营养盐和碳酸盐的摄入。②因为铁限制控制了浮游植物的生长，而从大气中移出 CO_2；大气 CO_2 的水平则随铁输送到海表面而变化。铁主要来自大气输入。对于开阔大洋，大气沉降是铁最主要的外部来源，Martin J. H 和 Gordon R. M 研究了东北太平洋的铁的外部来源，认为其中 95% 源于大气输入。

6.3 海洋重金属污染

所谓重金属，一般是指密度大于 5.0 g/dm^3 的金属元素，例如铜、铅、锌、铁、汞、铬、钴等。目前污染海洋的重金属元素主要有汞、镉、铅、锌、铬、铜等。在环境科学领域，重金属主要是指对生物有明显毒性的元素，如汞、镉、铅、铬、锌、铜、钴、镍、锡、钡等，有时也会将一些有明显毒性的轻金属元素及非金属元素，如砷、铍、锂与铝列入。重金属污染的特点表现在以下几方面：①水体中的某些重金属可在微生物作用下转化为毒性更强的金属化合物，如汞的甲基化(CH_3-Hg)作用就是其中典型的例子。②生物从环境中摄取重金属可以经过食物链的生物放大作用，在较高级生物体内成千万倍地富集起来，然后通过食物进入人体，在人体的某些器官中积蓄起来造成慢性中毒，危害人体健康。③在天然水体中只要有微量重金属即可产生毒性效应，一般重金属产生毒性的质量浓度范围在 1~10 mg/L 之间，毒性较强的金属（如汞、镉等）产生毒性的质量浓度范围在 0.001~0.01 mg/L 之间。

重金属的污染有时会造成很大的危害。例如，日本发生的水俣病（甲基汞污染）和骨痛病（镉污染）等公害病，都是由重金属污染引起的，所以，应严格防止重金属污染。

6.3.1 海洋重金属的来源

天然来源包括：地壳岩石风化、海底火山喷发和陆地水土流失，将大量的重金属通过河流、大气或直接注入海中，构成海洋重金属的本底值。人为来源主要是：工业污水、矿山废水的排放及重金属农药的流失，煤和石油在燃烧中释放出的重金属经大气的搬运进入海洋。以汞和铅为例，据估计，全世界每年由于矿物燃烧而进入海洋中的汞有超过 3 000 t。每年，全世界因人类活动而进入海洋中的汞达 10 000 t 左右，与目前世界汞的年产量相当。

自 1924 年开始使用四乙基铅作为汽油抗爆剂以来,大气中铅的浓度急速地增大。大气输送是铅污染海洋的重要途径,经气溶胶带入开阔大洋中的铅、锌、镉、汞和硒较陆地输入总量还多 50%。

6.3.2 海洋重金属的危害

海洋中的重金属一般是通过食用海产品的途径进入人体的。甲基汞能引起水俣病,Cd、Pb、Cr 等亦能引起机体中毒,有致癌或致畸等作用。重金属对生物体的危害程度,不仅与金属的性质、浓度和存在形式有关,而且也取决于生物的种类和发育阶段。对生物体的危害一般是 Hg>Pb>Cd>Zn>Cu,有机汞高于无机汞,六价铬高于三价铬。一般海洋生物的种苗和幼体对重金属污染较之成体更为敏感。

两种以上的重金属共同作用比单一重金属的作用要复杂得多,归纳为三种形式:①重金属的混合毒性等于各种重金属单独毒性之和时,称为相加作用。②若重金属的混合毒性大于单独毒性之和则为相乘作用或协同作用。③若重金属的混合毒性低于各单独毒性之和则为拮抗作用。

两种以上重金属的混合毒性不仅取决于种类组成,而且与浓度组合、温度、pH 等条件有关。一般来说,Cd 和 Cu 有相加或相乘的作用,Se 对 Hg 有拮抗作用。生物体对摄入体内的重金属有一定的解毒功能,如:体内的巯基蛋白与重金属结合成金属巯基排出体外。当摄入的重金属剂量超出巯基蛋白的结合能力时,会出现中毒症状。

在目前技术条件下,这些有害物质一旦进入海洋就难以进行处理。因此,防止海洋重金属污染的最有效办法,是在废水排放入海前进行处理、回收或除去其中的有害成分。必须采取综合措施治理重金属废水。首先,最根本的是改革生产工艺,不用或少用毒性大的重金属。其次是在使用重金属的生产过程中采用合理的工艺流程和完善的生产设备,实行科学的生产管理和运行操作,减少重金属的耗用量和随废水的流失量;在此基础上对数量少、浓度低的废水进行有效的处理。重金属的处理方法主要有中和沉淀法、硫化物沉淀法和电解沉淀法。

6.3.3 重金属在海水中的迁移过程

进入海洋的重金属,一般要经过物理、化学及生物等迁移转化过程。

重金属污染在海洋中的物理迁移过程主要指海-气界面重金属的交换及在海流、波浪、潮汐的作用下,随海水的运动而经历的稀释、扩散过程。由于这些作用的能量极大,故能将重金属迁移到很远的地方。

重金属污染在海洋中的化学迁移过程主要指重金属在富氧和缺氧条件下发生电子得失的氧化还原反应及其化学价态、活性及毒性等变化过程,导致重金属在海水中的溶解度增大,已经进入底质的重金属在此过程中可能重新进入水体,造成二次污染。此外,重金属在海水中经水解反应生成氢氧化物,或被水中胶体吸附而易在河口或排污口附近沉积,故在这些海区的底质中,常蓄积着较多的重金属。

重金属污染在海洋中的生物迁移过程主要指海洋生物通过吸附、吸收或摄食而将重金属富集在体内外,并随生物的运动而产生水平和垂直方向的迁移。或经由浮游植物、浮游动物、鱼类等食物链(网)而逐级放大,致使鱼类等主营养阶的生物体内富集着较高浓度的重金属,从而危害生物本身或由于人类取食而损害人体健康。此外,海洋中微生物能将某些重金属转化为毒性更强的化合物,如无机汞在微生物作用下能转化为毒性更强的甲基汞。

6.3.4 重金属在海水中的分布特征

由于重金属污染来源和迁移转化的特点,一般认为重金属污染物在海洋环境中的分布规律如下:①河口及沿岸水域高于外海。②底质高于水体。③高营养阶生物高于低营养阶生物;④北半球高于南半球。

6.3.5 海洋重金属污染

受污染的海洋生物体中的重金属元素主要有 Cd、As、Pb 和 Hg,这些元素均可对人体产生危害。以 Cd 为例,正常的新生儿体内不含 Cd,Cd 在人体生长过程中通过食物等途径进入体内,主要积累于肾和肝中,可导致肾肝损伤、骨骼代谢受阻、呼吸系统病症。Cd 在体内可长期滞留,半衰期长达 40 年,有致癌和致畸作用。因此世界卫生组织将 Cd 定为不应摄入的元素,另一种元素 As 也是毒性很强的污染物质,主要来自化工厂、农药厂排放的污水。它的毒害作用是累积性的,会在人体的肝、肾、肺、骨骼、肌肉、子宫等部位积蓄,引起人的慢性中毒,导致神经系统、血液系统、消化系统等损伤,诱发皮肤癌、肺癌等疾病，潜伏期可长达几年至几十年。

Hg 对海洋的污染。Hg 对生物的影响取决于它的浓度、化学形态以及生物本身的特征。研究表明，有机汞化合物对生物的毒性比无机汞化合物大得多。甲基汞化合物对海洋生物的毒害最明显。

Cd 对海洋的污染。在天然淡水中，Cd 的含量为 $0.01\sim3$ $\mu g/dm^3$，中值为 0.1 $\mu g/dm^3$，主要同有机物以络合物的形式存在。海水中 Cd 的平均含量为 0.11 $\mu g/dm^3$，主要以 $CdCl_2$ 的胶体状态存在。海洋生物能将 Cd 富集于体内，鱼、贝类及海洋哺乳动物的内脏中，含量比较高。Cd 在鱼体中干扰 Fe 的代谢，使肠道对 Fe 的吸收减低，破坏血红细胞，从而引起贫血症。Cd 在其他脊椎动物体中也有类似的危害作用。人们长期食用被 Cd 严重污染的海产品会引起骨痛病。

Pb 对海洋的污染。海水中 Pb 的浓度一般为 $0.01\sim0.3$ $\mu g/dm^3$，海水中溶解铅的形态是 $PbCO_3$ 离子对和极细的胶体颗粒，分布极不均匀。一般来说，近岸海区浓度较高，随着离岸距离的增加，浓度逐渐降低。实验表明，在鱼体内肌肉中的 Pb 含量最低，皮肤和鳞片中的 Pb 含量最高。Pb 对鱼类的致死浓度为 $0.1\sim10$ $\mu g/dm^3$。Pb 对各种海洋生物的毒性，现在还没有很多资料可查。

Zn 对海洋的污染。正常海水中，Zn 的浓度为 5 $\mu g/dm^3$ 左右。被污染的近岸海水中 Zn 的浓度比大洋水高 $5\sim10$ 倍，主要来自工业废水。据估计，全世界每年通过河流注入海洋的 Zn 达 39.3×10^5 t。在近岸海区的沉积物中，Zn 的含量特别高。海洋生物对 Zn 的富集能力很强，其中贝类的含 Zn 量特别高，例如牡蛎肉中 Zn 的含量可高达 2 500～3 000 mg/kg（干重）。Zn 对牡蛎的生长影响很明显。在 Zn 的浓度为 0.3 mg/dm^3 时，牡蛎幼体的生长速度显著降低。当 Zn 的浓度达到 0.5 mg/dm^3 时，幼体或者死亡，或者不能发育。

Cu 对海洋的污染。正常海水中，Cu 的浓度为 $1.0\sim10.0$ $\mu g/dm^3$。据估计，通过污水、煤的燃烧和风化等各种途径每年进入海洋中 Cu 的总量可能超过 25×10^4 t。含 Cu 污水进入海洋后，除污染海水外，有一部分沉于海底，使底质遭到严重污染。当海水中 Cu 的浓度为 0.13 mg/dm^3 时，可使生活在其中的牡蛎着绿色。

Cu 和 Zn 对牡蛎的协同作用要比单一的影响大得多。调查表明，海水中 Cu 的浓度为 0.02～0.1 mg/dm³、Zn 的浓度为 0.1～0.4 mg/dm³ 时就足以使牡蛎着绿色。只有在 Cu 和 Zn 的浓度都很低的条件下，即 Cu 浓度低于 0.01 mg/dm³、Zn 浓度低于 0.05 mg/dm³ 时，才不会产生绿色牡蛎。在绿色牡蛎肉中，Cu 和 Zn 的含量比正常牡蛎高 10～20 倍。各种海洋生物对 Cu 的富集能力不同，但一般说来都很强。牡蛎就属于富集能力较强的动物之一。

　　Cr 对海洋的污染。Cr 的毒性与 As 相类似。海洋中的 Cr 主要来自工业废水。Cr 在海水中的正常浓度为 0.05 mg/dm³。通过河流输送入海的铬会沉于海底。三价铬和六价铬对水生生物都有致死作用，Cr 能在鱼体内蓄积。三价铬对鱼类的毒性比六价铬高。Cr 是人和动物所必需的一种微量元素，躯体缺 Cr 可引起动脉粥样硬化症。Cr 对植物生长有刺激作用，可提高收获量。但如含 Cr 过多，对人和动植物都是有害的，甚至有致死作用。

6.4　金属腐蚀与防腐

　　金属腐蚀是指金属在海水中受化学因素、物理因素和生物因素的作用而发生的破坏。金属结构腐蚀的结果是材料变薄，强度降低，有时发生局部穿孔或断裂，甚至使结构破坏。全世界每年生产的钢铁产品，大约有十分之一因腐蚀而报废，工业发达国家每年因腐蚀造成的经济损失，大约占国民经济总产值的 2%～4%。第一次世界大战期间，由于金属腐蚀，英国许多军舰在港口等候更换冷凝管，严重地影响了战斗力；后来由于对黄铜冷凝管脱锌作用的研究，改进了冷凝器的设计，又用新材料代替了黄铜，才解决了这个腐蚀问题。金属在海水中的腐蚀，是海洋开发的工程设施存在的亟待解决的化学问题，是海洋化学的研究内容之一。

　1. 金属腐蚀原理

　　浸入海水中的金属，表面会出现稳定的电极电势。由于金属有晶界存在，物理性质不均一；实际的金属材料总含有些杂质，化学性质也不均一；加上海水中溶解氧的浓度和海水的温度等可能分布不均匀，因此金属表面上各部位的电势不同，形成了局部的腐蚀电池或微电池。电势较高的部位为阴极，较低的为阳极。工业用的大多数金属，金属状态不稳定，在海水中有转变成化合物或离子态物质的倾向。但是金和铂等贵金属,金属状态稳定,在海水中不发生腐蚀。

2. 海洋环境对金属腐蚀的影响

金属在海水中的腐蚀,影响因素很多,包括化学、物理和生物等因素。

化学因素:①溶解氧。海水溶解氧的含量越多,金属的腐蚀速度越快。但对于铝和不锈钢这一类金属,当其被氧化时,表面会形成一薄层氧化膜,保护金属不再被腐蚀,即保持了钝态。此外,在没有溶解氧的海水中,铜和铁几乎不受腐蚀。②盐度。海水含盐量较高,其中所含的钙离子和镁离子,能够在金属表面析出碳酸钙和氢氧化镁的沉淀,对金属有一定的保护作用。河口区海水的盐度低,钙和镁的含量较小,故对金属的腐蚀性增加。海水中的氯离子能破坏金属表面的氧化膜,并能与金属离子形成络合物,后者在水解时产生氢离子,使海水的酸度增大,使金属的局部腐蚀加强。③酸碱度。用 pH 表示。pH 越小,酸性越强。海水的 pH 通常变化甚小,对金属的腐蚀几乎没有直接影响。但在河口区或当海水被污染时,pH 可能有所改变,因而对腐蚀有一定的影响。

物理因素:①流速。海水对金属的相对流速增大时,溶解氧向阴极扩散得更快,使金属的腐蚀速度增加。特别是当海水流速很大,或者它对金属的冲击很强时,海水中产生气泡,就发生空泡腐蚀,其破坏性更强。船舶螺旋推进器的叶片往往因空泡腐蚀而损坏。②潮汐。海水中裸钢桩的腐蚀,可表明潮水涨落的影响。靠近海面的大气中,有大量的水分和盐分,又有充足的氧,对金属的腐蚀性比较强。因此,在平均高潮线上面海水浪花飞溅到的地方(飞溅区),金属表面经常处于潮湿多氧的情况,腐蚀最为严重。③温度。水温升高,会使腐蚀加速。但是温度升高,氧在海水中的溶解度降低,使腐蚀减轻。这两方面的效果相反。

生物因素:许多海洋生物常常附着在海水中的金属表面上。钙质附着物对金属有一定的保护作用,但是附着的生物的代谢物和尸体分解物,有硫化氢等酸性成分,却能加剧金属的腐蚀。另外,藤壶等附着生物在金属表面形成缝隙,这时隙内水溶液的含氧量比隙外海水少,构成了氧的浓差电池,使隙内的金属受腐蚀,这就是金属的缝隙腐蚀。铜及其合金被腐蚀时,放出有毒的铜离子,能够阻止海洋生物在金属表面附着生殖,从而免受进一步的腐蚀。此外,存在于海水中和淤泥中的硫酸盐还原菌,能将硫酸盐还原成硫化物,后者对金属有腐蚀作用。

为了减少腐蚀,海洋环境中的结构材料常采用耐腐蚀的钢材,主要是碳钢和低合金钢。碳钢的耐蚀性能低,为提高其耐蚀性,在钢中添加少量的铬、镍、磷、铜、铝、钼和锰等,有的还加稀土元素,组成耐海水钢,常见的有马丽尼钢和 APS20A 钢等。这种钢材在飞溅区和海洋大气中的腐蚀速度比碳钢小得多。这是因为添加的成分在金属被腐蚀时能增加锈层的致密性,对金属起保护作用。但是,浸入海中的低合金钢,会出现局部腐蚀;在拉应力和腐蚀性介质同时作用下,钢材会发生应力腐蚀破裂;在波浪或其他周期性力作用下,金属结构会发生腐蚀疲劳而被破坏,特别是在焊接点,这种效应更加严重。因此,在特殊的场合,往往采用其他的耐腐蚀的金属材料,如不锈钢、铜及其合金、镍铜合金、铝及其合金、钛及其合金等等。为了延长海洋结构物,如舰船、码头、海上平台、海底管道等的寿命,除了根据具体设施和具体海洋环境选用适当的结构材料之外,通常在金属表面涂上或包上防腐蚀的覆盖层。例如:涂以环氧树脂类的涂料,将金属与海水隔离;涂以含氧化亚铜或氧化汞等有毒物质的防污漆,防止海洋生物的污损;在潮差区还可以包上中国研制的脂肪酸盐绷带或蒙乃尔 400 合金板进行保护。采用锌合金或铝合金保护钢铁结构时,由于这类合金在海水中的电势比钢铁低,成为腐蚀电池的阳极,钢铁则成为阴极。依靠阳极材料的溶解牺牲,保护了钢铁不受腐蚀,延长了海洋钢铁结构的寿命。这是阴极保护法中的一种。另一种阴极保护法是外加电流。如果联合采用涂料和阴极保护,可取得优良的效果。在使用海水作为循环冷却水时,可在海水中添加亚硝酸钠或磷酸二氢钠等缓蚀剂,防止碳钢腐蚀。海洋中金属的腐蚀,特别是局部腐蚀,是工业和国防事业面临的一个严重问题,必须研制更好的耐腐蚀的合金和防腐材料,并建立起对金属腐蚀的控制和监测系统。

思考题

1. 海水中微量元素有哪些?试举几例,说明其在海洋化学中的地位和作用。
2. 何谓海洋的重金属污染?你知道它的"来龙去脉"吗?
3. 影响海水中重金属含量的因素有哪些?

4. 我国近海重金属污染状况如何？如何防治？
5. 简述海洋重金属的生物地球化学过程和循环。
6. 简述金属腐蚀的原理。
7. 概述影响海水中金属腐蚀的各种因素。
8. 海洋环境中防腐蚀的方法有哪些？

第 7 章 海洋有机物和海洋生产力

7.1 引言

海水中的有机物(organic matter，OM)，广义地讲，包括大至鲸小至甲烷的有机物。海洋化学研究的有机物主要是海洋生物的代谢物、分解物、残骸和碎屑等，它们是海洋本身所产生的；还有一部分是陆源有机物，包括人类生活和生产活动所产生的有机物质和有机污染物质，是通过大气或河流带入海洋中的。

早在1904年，Forch等人在关于盐度定义的科学报告中就确认：海水中存在少量不恒定的有机物质。但由于它们的浓度很低，相对于大量无机物的存在，要测定它们极为困难。直到20世纪50年代，海洋中有机物仍然属于研究比较少的领域。到了70年代初期，海洋化学家们开始注意到，海水中的有机物质含量虽少，但对无机成分的影响却较显著。它们参与了各种物理、生物和化学过程并起到重要的作用。据报道，有机物参与沉积物-水界面过程、颗粒-水界面过程(离子交换)、碳酸钙沉淀作用和颗粒表面的电荷形成等。

有机物质的氧化将影响海洋环境的氧化还原电位。在循环受限制的特殊条件下，有机物质的氧化使水体中的氧耗竭，从而形成还原环境。有机物的氧化还会导致水体中的颗粒物质形成还原性微环境。

有机物质又是水体中和沉积物-水界面上异养生物的主要能源。海水中的有机物,即使在极低的浓度下,对许多复杂的生物控制过程(如海洋生物之间的化学信息)也起着重要作用。

海水中溶解有机物的另一重要作用是与金属离子反应生成有机金属络合物。早在 50 年前,为了解释所遇到的一些异常现象,诸如海水中的某些金属离子的浓度比按浓度积计算的浓度高、某些有机成分可以增加或减少金属离子的生物活性(或摄取金属离子的速率)等,研究者就提出海水中的金属离子可能会与有机物相互作用生成络合物的概念。直到 20 世纪 70 年代还没有人能从海水中提取或分离这些有机金属络合物。因此,也有人曾提出疑义。20 世纪 80 年代初,随着分析技术不断发展和提高,Mille 等人应用 Sep-Pak C18 的吸收盒的反相液相色谱法(RPLC)首次从河口水中分离出溶解有机物和溶解铜-有机络合物。随后,Wallace 从受控生态实验系统的水柱中分离出与溶解的表面活性有机物质和胶体有机物质缔合的 Cu、Pb、Hg。至此,海水中的有机金属络合物初步得到了实验上的证实。

海洋有机物的研究发展主要包括以下几个阶段:19 世纪末,Natterer、Putter 开始了溶解有机物的研究工作;直至 20 世纪 50 年代后期,该领域的研究都未取得太大的进展。20 世纪 70—80 年代,尤其在 1976 年,美国爱丁堡"海洋有机化学概念"讨论会召开之后,海洋科学工作者逐步认识到海洋有机物质与海洋生命起源、生物活动、元素的化学物种溶存形式和运移规律、水团运动、沉积/成岩作用等都有密切关系。20 世纪 90 年代,随着溶解有机碳(DOC)各种分析方法的建立和完善,对海水中有机物的研究蓬勃发展起来。目前,有机物质在海洋中的重要性已得到公认并引起广泛的关注。

7.1.1 海水中有机物的含量与组成

海水中溶解有机物(DOM)的含量一般以含碳量表示,约为 0.5~3 mg/L。通常表层水含碳量最高为 1~3 mg/L,平均约 1.5 mg/L;在深层水中,有机物含量相对恒定,或随深度增加其含量仅略为降低,通常含碳量少于 1 mg/L。在近岸和河口水中,经常含有较高浓度的溶解有机物质,有的地区含碳量高达 100 mg/L。在上层沉积的间隙水中,DOM 的浓度比深层大洋水高 10~100 多倍,含碳量高达 100~150 mg/L。在还原峡湾,沉积物中的 DOM 含量更高。例如在 Saanich 湾沉积间隙水中含有 DOM,含碳量高达 30~800 mg/L。

在海洋中，可能存在的有机组分很多，对其进行研究极为困难。因此，按照目前对具体化合物的分析结果，绝大部分有机质不容易表征出来。1971年以前，在有机质的总量中，至少有90%的性质是未知的。到目前为止，已鉴定过的溶解有机物大约只占25%。已检出的部分主要由氨基酸、碳水化合物、烃、尿素、脂肪酸等简单分子所组成。其余未鉴定过的有一部分统称为"黄色物质"或称为腐殖质，这些充其量也不过是一些富于变化的组分。海洋中的DOM的主要组分是类脂物，它们是动物和植物体中比较稳定的一类化合物，通常是指能被氯仿-甲醇溶剂体系所萃取的有机化合物，包括像脂肪酸、甘油酯、蜡酯、磷酯、烃、甾醇和甾醇酯等在内的这样一些天然产物。

(1) 脂肪酸类。海洋生物类脂物的一般特征是含有大量(5%～20%)长链(C_{20}和C_{22})和多个双键的不饱和酸，这在陆源类脂物中是少见的。这些酸的不饱和度很高(直至含六个双键)，这使它们对氧化极为敏感，故尚未见报道其存在于海水中。海水中主要的脂肪酸通常是软脂酸、硬脂酸和油酸。

(2) 烃类。海水中总烃的浓度为$1\sim100\ \mu g/L$，表层水比大洋深层水高。生物体内烃的浓度为$1\sim200\ \mu g/L$(湿重)。鲨鱼肝烃的浓度高达$1\ 300\ \mu g/L$(湿重)。沉积物烃的浓度为$1\sim100\ \mu g/g$(干重)。海水中的烃可来源于活的生物体、沉积物或污染物。它们通常是海洋有机物循环的最终稳定产物。烃在海水DOM中所占比例不是恒定的，主要的直链烃为$C_{14}\sim C_{37}$烃($C_{27}\sim C_{30}$烃最多)，不存在奇/偶碳链优势。在大西洋和太平洋中，烃的分子量分布与海藻烃相似。这表明它们来源于浮游生物。在海水中和大多数海洋生物中，支链烃的浓度通常要比直链烃低得多(是其1/100～1/10)，然而在石油中，支链烃的比例却高很多，故前人提出其可作为石油污染的有用指示剂。

(3) 氨基酸类。海水中溶解态的氨基酸，大部分都是结合氨基酸，即以肽的形式或以能通过膜滤器的高分子量化合物的形式存在。这类结合氨基酸容易被水解；其组成类似游离氨基酸和中性氨基酸。现在，已测出海水中形成蛋白质的多数氨基酸。它们通常以肽的形式存在，主要由动物蛋白质和植物蛋白质降解生成。各种海洋生物的排泄物和生物碎屑的分解作用也将游离的氨基酸释放入表层水中。在整个水体中溶解氨基酸的分布是相当均匀的。最丰富的氨基酸通常是中性氨基酸，特别是那些代谢的分解产物。

例如甘氨酸、丝氨酸和鸟氨酸。酸性氨基酸和碱性氨基酸通常仅少量存在或根本不存在。在爱尔兰海和英吉利海峡，氨基酸在整年中的浓度变化很小，但在北大西洋的表层水中，测得游离氨基酸的比例是不恒定的，从而推测：它们主要是来自混合浮游植物种群的水解产物。在中层的深度范围内，氨基酸被认为是异常活动的产物。

（4）甾醇。甾醇总是来源于生物。金泽和丰岛于1971年在研究鹿儿岛湾表层海洋悬浮物中甾醇的组成和含量时证实了甾醇存在于海水的溶解物和颗粒物中。它们不仅是细胞膜的重要组成部分，也是生物生长、呼吸和繁殖的最重要的激素调节剂。胆甾醇及其相关的甾醇化合物，它们不仅是所有甾醇体激素最直接的生源前身物，而且本身也具激素活性。从地球化学观点来看，这些甾醇也有特殊意义，它们的化学稳定性和结构的多样性，再加之固有的光学活性，使得有可能将它们作为海洋生物活动的指示剂。某些海洋无脊椎动物，特别是节肢动物，它们不能通过生物合成而得到甾醇，因而必须从外界取得，一般通过从海水中吸附或过滤获得。由于甾醇在食物链中特别是对浮游动物所起的作用，海水中溶解态甾醇的存在具有重要意义。颗粒物中的甾醇可作为海洋动物幼体的饵料，因而也具有同样的重要性。

（5）碳水化合物。海水中溶解态的碳水化合物来自表层水中的浮游植物。在大型水生植物的排泄物中，也发现碳水化合物，且多半是以游离糖存在。学者们已在海水中检出戊糖类和己糖类，但研究最多的是有关葡萄糖和总糖的测定。据报道，海水中碳水化合物的浓度值为 0.09～0.66 mg/L，它们在大多数海区的分布是相当均匀的。在北大西洋，葡萄糖的浓度与浮游植物的密度相关。在百慕大附近和塞内加尔岸外上升流区已发现最大值，一般认为微生物种群是葡萄糖的主要利用者。

（6）维生素。已发现在海洋中存在的维生素主要是钴胺素、硫胺素和生物素，它们是浮游植物生长中所必需的特殊有机化合物。在海洋中的浓度为每升若干毫微克。它们主要由细菌产生，有证据表明尚有其他的可能来源。在实验室条件下，已证实某些藻类生长期间能产生这些维生素。太平洋表层水中，颗粒硫胺素和生物素的含量相当于溶解态的1%左右，但此比例在近岸海区是不恒定的，有时分别达到溶解态的144%和54%。

（7）腐殖质。海洋的腐殖质（又称黄色物质）是有机质的一种稳定存在形式，它们是由死的生物（主要是浮游生物）的分解产物再合成而得到的。即由多元酚、碳水化合物、蛋白质缩聚而成。这种化合物含有蛋白质的复合物，它以大范围的 C/N、C/P 比值和高度的生物稳定性为特征。海水的腐殖质含有多种官能团并具有表面活性的特征。海洋沉积物的腐殖质是金属离子的络合剂和植物生长的促进剂，而且是疏水化合物的增溶剂。从海洋沉积物提取的腐殖酸，在水解时产生大量的氨基酸，但也有类脂和碳水化合物，这意味着腐殖酸并不是蛋白质或多糖，而是以某种杂缩聚分子存在。深海中的多数有机物有可能都是以杂缩聚分子形式存在，其中包括碳水化合物链和蛋白质链。

7.1.2　海水中有机物对海水性质的影响

海水中有机物在海水中的含量虽低，但它和海水的物理化学性质却有很大的关系，且对海洋生物的生长繁殖有重要的作用，主要表现在以下六个方面：

（1）对多价金属离子的络合作用。溶解有机物中的氨基酸和腐殖质等物质，含有多种活性官能团，能通过共价键或配位键与多价金属离子发生络合作用，形成有机金属络合物。例如：使铜离子等有毒的重金属离子的毒性降低，甚至转化成无毒的物质；阻碍磷酸盐和硅酸盐等物质沉淀，延长它们在水体中的停留时间，使其更好地被生物利用，对海洋生态系统有重要的意义。

（2）改变一些成分在海水中的溶解度。有些有机物是很好的天然配位体，能够与一些离子形成溶解络合物而增加难溶盐的溶解度。而且，有机物还可以附着在一些沉积物表面的生长点上，从而阻碍了沉积物的形成。

（3）对生物过程和化学过程的影响。无机悬浮物上所吸附的有机物，能进一步吸附和浓缩细菌，在颗粒表面进行生物化学过程，使被吸附的有机物降解和转化。另外，有机物的氧化还原作用影响海洋环境的氧化还原电位，也影响着海水中的生物过程和化学过程。

（4）对海-气交换的影响。海水的微表层富含某些有机物，有的有机物在微表层中的含量是海水中含量的 10~1 000 倍，有促使微表层起泡沫的性能，且能降低海-气交换的速度。溶解有机物与气泡作用，可使表层水中颗粒有机物的含量增加；反过来，颗粒有机物也可分解而生成溶解有机物。两者之间相互转化并达到平衡。

（5）对水色的影响。有机物被无机悬浮物吸附后，增加了悬浮物的稳定性，从而影响海水的颜色和透明度。

（6）对海洋生物生理过程的作用。近岸底栖的褐藻，分泌出大量的多酚化合物，这种物质根据其在海水中含量的多少，对生物的生长有促进或抑制作用。在溶解有机物中，有微量的化学传讯物质，它们是一些海洋生物所分泌的，能支配生物的交配、洄游、识别、告警、逃避等种内的和异种之间的各种生物过程的成分。

7.1.3 海水中有机物的特点

（1）含量低。大洋表层水溶解有机碳浓度为 90 $\mu mol/dm^3$ 左右，深层均含量不到 50 $\mu mol/dm^3$，与无机物相比，浓度要低得多。

（2）组成复杂。到目前为止，尚未完全搞清海洋有机物的组成，大部分溶解有机物的组成、结构尚未确定下来，只有大约 25% 的有机物的结构得到了确定。

（3）在海洋空间分布不均匀。受来源和去除的影响，海洋有机物在海洋中呈现明显的时间性和区域性，属于非保守参数。

容易形成金属有机络合物：海洋中存在有机-无机相互作用，其中所观察到的是形成金属有机络合物，如含 CO^{2+} 的氰钴胺素（VB_{12}）和含镁的叶绿素 a 等。实践中，加入有机络合剂（EDTA 或柠檬酸等），可观察到形成金属有机络合物，可抑制金属对海藻的毒性。

7.2 海水中的有机碳

海洋中有机物质从组成来看，大致可分为溶解有机物质和颗粒有机物质（碎屑、浮游植物、浮游动物和细菌等）。有机物含量的高低通常用碳元素的含量来表示。又据物理性质的不同，分为溶解有机碳（DOC）、颗粒有机碳（POC）和挥发有机碳（VOC）三种形式。相比之下，前两者得到了普遍关注。大洋水中 DOC 和 POC 的含量相差较大，DOC 占有机碳总量的 90% 左右，POC 仅占 10%。

7.2.1 溶解有机碳

存在于水体中的 DOC 对碳的整个地球化学循环起着重要的作用。

DOC 在操作上的定义为：通过一定孔径玻璃纤维滤膜（0.7 μm）或 0.45 μm 膜过滤器的海水中所含有机物中碳的数量。它是表征水体中有机物含量和生物活动水平的重要参数之一。DOC 对海洋生产力、海洋化学的研究提供基本的参数；在研究有机碳的通量、分布、作用和循环中占重要的部分；是污染和生物活动的综合指标。

7.2.1.1 海水中 DOC 的来源和去除

海洋是一个开放体系，从物质全球变化的角度而论，对于有机物质，以内源为主，外源为辅。但随着近年来人类活动对海洋的影响，外源亦日益引起人们的重视。

1. 外部来源

外部来源主要有三种输入源，即河流、大气和海洋底质。来自大洋底质的有机物较少，河流和大气的输入是主要的外部来源。

（1）大陆径流输入。河水 DOC 浓度高于开阔大洋，河流是海洋 DOC 的来源之一；通过河流输送进入海洋的总有机碳（TOC）为 1.8×10^{14} g/a，其中 POC、DOC 各占约一半；陆源有机物进入河口区后，由于絮凝作用及沉淀作用等，部分有机物沉淀在近岸海域。

（2）大气沉降输入。有机碳通过干、湿沉降输入海洋。Williams 估计有机碳通过降雨进入海洋的速率为 2.2×10^{14} g/a，与径流输送的数量相当。对海洋气溶胶的脂类物质组成的研究，证明气溶胶中的有机物主要来自陆地，且湿沉降是大气输入的主要途径。

2. 有机物的内部来源

海洋中有机物主要是由海洋内部生物过程和化学过程产生的，最根本的过程是浮游植物的光合作用。海水中 DOC 的生物产生过程包括：①浮游植物的细胞外释放；②摄食导致的 DOC 释放或排泄；③细胞溶解导致的 DOC 释放；④颗粒物的溶解；⑤细菌的转化和释放。

3. 海洋中 DOC 的移出

尽管河流、大气和生物作用不断地向海洋补充有机物质，而海洋中的有机物浓度却很低，这表明多种生源有机碳均能自海水中移出，而且移出的速度与生产的速度相当。有机物可通过三种主要机制从海水中移出：①物理移出。②化学移出。③生物学移出。

物理移出主要表现为相变化、扩散、聚集为颗粒物等；化学移出主要表现为表层的光化学分解；生物移出主要为微生物利用（消耗光合作用固碳量的20%~40%或更多）、降解或腐殖化等。在有机物的生物学移出中，呼吸作用稳定持久，是光合作用的逆过程，是有机物移出途径中最重要的一环。呼吸作用是海洋生物将光合作用合成的复杂分子先氧化成低分子的化合物后转变为CO_2，由此获得生长代谢所需的能量。据估计，每年通过光合作用固定的碳有99.95%被呼吸作用氧化，只有0.05%避免了氧化而埋藏到沉积物中。

7.2.1.2 海水中DOC的时空分布

大洋中的溶解有机碳，通常在深度100 m以内的上层海水中的含量较高，有季节性变化，用湿法测得的含量，高时可达1.3 mg/L；深度越大，含量越小，在深度超过300 m的海水中，含量几乎没有季节性变化；500 m以下，浓度较低，相对恒定。有些海区的溶解有机碳含量，可低至0.2 mg/L。在海洋沉积物间隙水中，溶解有机碳的浓度很高，可达100~150 mg/L。溶解有机物在大洋中总的分布是表层水浓度较高，深层水浓度较低；近岸、河口区浓度较高，大洋区域浓度较低，且有较明显的季节性变化。不同海域有机物含量变化较大，较高的区域可达到1.3 mg/L，而有的却仅有0.2 mg/L。溶解有机物含量最高的是海洋沉积物间隙水，浓度可达到100~150 mg/L。其时间分布与浮游生物的盛衰有关，有明显的季节分布。

7.2.1.3 海洋中溶解有机碳的测定方法

溶解有机碳（DOC）检测步骤通常由三大步骤组成：①海水样品的预处理。包括海水样品过滤、酸化和除去无机碳，通常需要向水样中加入磷酸，使pH在2~3之间，通高纯氮气驱赶CO_2。②海水中DOC的氧化。氧化产物为易于检测的CO_2，或继续将CO_2还原为CH_4，检测生成CH_4的浓度。③氧化或还原产物的检测。DOC氧化产生的二氧化碳检测方法较多，多用非色散红外气体分析仪检测，CH_4还原产物用火焰离子化检测器（FID）检测。根据不同的氧化原理，通常将DOC的测定方法分为三种：①过硫酸钾法。②紫外/过硫酸钾法。③高温燃烧法（HTC），亦称高温催化氧化法（HTCO）。

7.2.2 颗粒有机碳

海洋中颗粒有机碳一般是指直径大于 $0.45~\mu m$ 的微粒有机碳,包括海洋中有生命和无生命的悬浮颗粒和沉积物微粒。在表层海水中颗粒有机物主要由(死亡生物体)生物碎屑、浮游植物、浮游动物和鱼类组成。

海水中颗粒有机碳含量为 $20\sim 200~\mu g/L$,多数在数十 $\mu g/L$ 左右。在上层海水中,颗粒有机碳的含量大约只有溶解有机碳的 1/10,而在深水中,则只有 1/50。近岸海域中颗粒有机碳的含量可比大洋水高 1~2 个数量级。一般,初级生产力高的海域,颗粒有机碳含量也高,如在秘鲁河流和北大西洋海水中,其含量在夏季可大于 $100~\mu g/L$。

海洋中的颗粒有机碳通常是与大量无机物质相结合着的。在大洋水中,无机物质占总 POC 量的 40%~70%。在有大量径流进入的沿岸环境中,无机物质主要由地区性的陆源矿物所组成,其灼烧后的优势组分为二氧化硅、氧化铁、氧化铝和碳酸钙。

7.2.2.1 海洋中 POC 的来源和去除

陆地和大气输入:由河流输入的 POC 中的 C 为 $10^{14}\sim 10^{13}\,g/a$,在某些河口区,外来碎屑的输入可成为 POC 的主要来源。大气输入 POC 中的 C 约为 $2.2\times 10^{14}\,g/a$,由气泡破裂而返入大气可能形成再循环。

陆源 POC 的输入主要限于近岸环境,而大洋中的 POC 大部分都是在海洋环境中自生的,主要包括:①碎屑(粪粒、碎片等)的直接形成。②细菌的吸附和凝聚。③有机分子的聚集。④在无机矿物颗粒上吸附和胶体絮凝。

DOC 可以通过细菌活动或吸附在有机颗粒表面而形成 POC,而 POC 本身能通过分解和溶解过程去影响 DOC 的浓度。

海洋中 POC 的迁移包括在水体中的扩散和循环。过程包括 POC 被氧化、转化或降解,浮游植物和浮游动物的分解,水解和腐殖化,以及沉降和再悬浮等。

河口海区海水中的颗粒有机物主要是河流和风从陆地带来的;大洋中的颗粒有机物,主要来自海洋生物的排泄物和生物体分解而成的碎屑。在大洋的颗粒有机物中,通常结合着 40%~70% 的 Si、Fe、Pb、Ca 等无机物。颗粒有机物水解之后,可生成各种氨基酸、叶绿素、糖类、类脂化合物和三磷酸腺苷等。从三磷酸腺苷的分析值可推知,颗粒有机碳中约有 3％属活的生物体者。颗粒有机物为食物链的重要的一环,它从浅层逐渐下沉,直至海底,为底栖动物所捕食,大部分都进入沉积层。

7.2.2.2　海洋中 POC 的分布特点

随海区的变化:受其来源的影响,海洋中 POC 的分布与陆地输入和初级生产密切相关。在生产力高的海区和受陆地影响大的近岸区,颗粒有机碳的浓度高,反之浓度低。

随深度的变化:垂直分布随着光合作用和分解作用的变化而变化。随深度的增加,POC 有如下的分布规律:真光层 POC 的浓度极高,为深水层浓度的 10 倍。原因是活体量多,并且绝大部分的有机碳活性高,处于迅速地再循环中。估测得到浮游植物对深水有机碳的输入量仅相当于生产量的 10％。深水层 POC 的浓度随深度的增加而缓慢降低,到达某一深度后浓度近于恒定。POC 的主要组成为活性低的有机物。POC 的变化主要为与 DOC 的相互转化。在沉积物-水界面,海底有一部分沉降下来的 POC,它们逐渐向上覆水溶解,形成水体中的 POC。

7.2.2.3　海洋中 POC 的测定方法

分离方法。要测定 POC,首要的是将其从海水中分离出来,分离方法主要有:①离心法。主要用于大体积水样的化学分析,由于这种方法分离不完全,应用较少,但此法可使回收率提高 30％。②过滤法。用滤器过滤的方法是普遍采用的方法,为了防止有机污染,一般采用玻璃滤器,也有采用聚四氟乙烯滤器的,但后者成本高。滤膜通常为玻璃纤维滤膜和银滤膜。其中,最常用的是 GF/F 玻璃纤维膜,其孔径为 0.7 μm。在使用之前,滤膜要在 450℃下灼烧,以除去任何本底碳。由于海水中物质的吸附性质,滤膜上可能同时收集到许多胶体物质和溶解物质,使表观 POC 含量增加。还有一种用荷电离子轰击产生孔洞的滤膜器,有助于更好地确定滤器的阻留孔径,但成本较高。

另外,在通量研究中,目前常使用沉积物捕捉器,它能收集到过滤法不能得到的大颗粒物质,对沉积速率及季节变化的研究极有利。尽管此法在技术上还有很多困难,但它是一种很有前途的方法。

测定方法。海水中 POC 的一些最早测得的浓度值,是将过滤收集的颗粒物质在马弗炉中灰化,根据灰化前后的重量之差值测得的,这种方法需要相对大量的水样。能测定微克量级的较为灵敏的方法主要有两种：

(1) 湿式氧化法：向水样中加入氧化剂——硫酸/重铬酸盐溶液，并且利用银做催化剂，通过紫外光照射，将其中的有机物氧化成二氧化碳，再定量测定二氧化碳的浓度，或再将二氧化碳还原成 CH_4，再检测 CH_4 的浓度。由于此法具有氧化不充分等缺点，应用较少。

(2) 干式燃烧法：即将样品干燥，除去无机碳之后，直接用 CHN 元素分析仪分析样品中的碳，或将干燥的样品在高温下燃烧后再用专用的二氧化碳分析仪分析释放出的二氧化碳。干式燃烧法测量快速准确，是目前广泛应用的方法。

除 POC 的化学测定之外，其的方法包括颗粒计数和粒度分析，它们都已用于现场和实验室研究。

7.3 海洋中的有机磷农药

有机磷农药是一种应用很广的农用杀虫剂。在我国，其生产品种和数量均已取代有机氯农药，跃居首位。在目前的技术水平条件下，农药的利用率仅为 20%，而 80% 或更多的农药在施用后进入环境中，形成一个颇大的非点源污染，是近岸海域的主要污染物之一。

有机磷农药是含磷的有机化合物，一般含有 C—P 或 C—O—P 键。大部分是磷酸的酯类或酰胺类化合物。表 7.1 和表 7.2 为常见有机磷农药的半衰期及在河水中的持久性。半衰期越长，在水体中残留时间越久，对环境的危害越大。常见的有机磷农药根据半数致死量（LD50）可分为以下四个级别：

剧毒：LD50＜10 mg/kg，如甲拌磷、内吸磷、对硫磷、八甲磷。

高毒：LD50 为 10～100 mg/kg，如甲基对硫磷、甲胺磷、氧化乐果、敌敌畏。

中毒：LD50 为 100～1 000 mg/kg，如敌百虫、乐果、碘依可酯、倍硫磷、二嗪农。

低毒：LD50 为 1 000～5 000 mg/kg，如马拉硫磷。

表 7.1　有机磷农药的半衰期

农药	半衰期/d	农药	半衰期/d
对硫磷	180	敌百虫	140
甲基对硫磷	45	乙拌磷	290
甲拌磷	2	甲基内吸磷	26
氯硫磷	36	乐果	122
敌敌畏	17	内吸磷	54

表 7.2　有机磷农药在河水中的持久性

农药	残留率/%			
	1 周	2 周	3 周	4 周
马拉硫磷	25	10	0	0
三硫磷	25	10	0	0
甲基对硫磷	25	10	0	0
倍硫磷	50	10	0	0
对硫磷	50	30	<5	0
乐果	100	85	75	50
久效磷	100	100	100	100

事例分析：

时间：2001 年 5—10 月。

地点：浙江三门湾海域。

污染损失：导致各种养殖水产品包括网箱养鱼、对虾、蟹大量死亡。其中最大一起事故直接导致 2 000 多亩（1 亩≈667 m^2）养殖牡蛎死亡，直接经济损失超过 1 000 万元。

污染物：有机磷农药。

有机磷农药是如何造成养殖损失的？

有机磷农药对养殖生物的危害主要在于降低动物体内的乙酰胆碱酯酶的活性，阻碍神经活动的传递，从而导致肌肉丧失正常的生理功能。

1. 对沿岸海水养殖水产品的危害

20 世纪 80 年代中期以来，我国沿海在雨季经常发生有机磷农药致虾死亡的事故。汝少国等就对虾的不同发育阶段对有机磷农药的敏感性及其机理进行了探讨。海水鱼类胚胎和仔稚鱼发育对有机磷农药的污染亦十分敏感,有机磷农药引起鱼类早期发育异常的浓度可作为判断沿海水体污染程度的指标之一。戴家银等开展了重金属(Mn、Cu)和有机磷农药(甲胺磷、甲基异柳磷等)对真鲷和平鲷幼体的联合毒性研究。贾翠红等从生理化角度研究了久效磷真鲷中枢神经系统的毒性效应。陈民山等研究了2种新型高效杀虫剂(甲基异柳磷和水胺硫磷)对紫贻贝生长的影响。王海林等研究了久效磷对僧帽牡蛎(Saccostrea cucullata)染色体的毒性效应。马英杰等开展了8种有机磷农药对作为生物饵料的卤虫毒性的研究。

2. 对沿海养殖生态系的危害

海洋微藻是海洋初级生产力的重要组成部分,在海洋生态系统的食物链中起着十分重要的作用,在水产养殖中海洋微藻也发挥着巨大的作用。有机磷农药对沿海水产养殖和海洋生态系统的危害已经引起人们的重视。目前,我国已开展了一系列有机磷农药对海洋微型藻类的致毒效应的研究。谢荣等开展了有机磷农药和重金属对海洋微藻的联合毒性研究。邹立等选择了山东沿海地区常用的11种有机磷农药,研究它们对海洋微藻的致毒效应。此外,研究还发现有机磷农药对一些海洋微藻均具有低浓度毒物刺激效应。有机磷农药对生物影响不仅取决于污染物的浓度,同时还受到温度、盐度、营养盐等环境因子的影响。

有机磷农药浓度对海洋微藻生长影响的特点主要表现为:低浓度下的"毒物的兴奋效应"和高浓度下的"抑制生长效应"。

"毒物的兴奋效应"指在一定环境条件(如盐度)下,低浓度的有机磷农药对某些微藻的生长具有一定的刺激作用。这是微藻对外界环境胁迫的一种积极应变反应。

有机磷农药结构与毒性的关系。带苯环的有机磷农药毒性强于非苯环农药,而且苯环与其取代基团形成的离域 π 键越大,结构越稳定,其脂溶性越强,毒性越强;有机磷农药基团极性越弱,其脂溶性越强,毒性越强;结构、组成相似的情况下,分子长度越大,类型越为复杂的有机磷农药毒性越大。

有机磷农药毒性与环境因子的关系研究。低盐度和高盐度下,有机磷农药对海洋微藻生长的抑制作用趋势一致,即均随农药浓度升高,毒性增强;低盐度下,存在低浓度的"毒物兴奋效应"。

海洋有机磷农药主要来源于沿岸农业施肥和滩涂清滩。分布特点表现为沿岸高,外海低;丰水期较高,枯水期较低;排污点附近高,随离排污点距离增加,污染物降解导致其浓度迅速降低。

海洋有机磷农药污染的防治措施。以防为主;加强低毒、高效的新方法研究;控制用量,提高效率;宏观调控,综合管理;提高和完善监测手段;加大科研力度。

7.4 海洋的生产力

浮游植物进行光合作用是海水中有机物的主要来源,也是海洋生物进行生命活动的最初物质来源,它指的是浮游植物利用光能,将二氧化碳和水合成高能量的有机物的过程。而浮游植物本身则把高能的有机物分解成低能量的化合物,从而获得其生长所需要的能量,这便是呼吸作用。

海洋生产力是指海洋中生物通过同化作用生成有机物的能力。通常以单位时间(年或天)内单位面积(或体积)中所生产的有机物的质量来表示。单位时间内单位面积(或体积)中所同化有机物的总量扣除消耗之后的余额称为海洋净生产力。大多数情况下,净生产力不到总生产力的一半。

海洋生物同化有机物,在多数情况下,需经过初级生产、二级生产、三级甚至四级生产,达到终级生产,才能转化为人类食用的各种水产品,其中肉食性鱼类一般要经过三、四级的转化。终级生产是从人类的需要出发的各种水产品,有时可以是初级生产者、二级或三级生产者。各级生产力的转化通常是通过海洋食物链和海洋食物网的渠道来完成的。海洋生物生产力包括海洋初级生产力和海洋动物生产力。

海洋的初级生产力是浮游植物、底栖植物(包括定生海藻、红树、海藻等)以及自养细菌等通过光合作用,将无机营养盐和无机碳转化成有机物的能力,也称原始生产力或基础生产力。一般以每天(或每年)单位面积所固定的有机碳(或能量)来表示,即 $g/(m^2 \cdot d)$ 或 $kcal/(m^2 \cdot h)$ ($1\ cal \approx 4.19\ J$)。它是最基本的生物生产力,是海域生产有机物或经济产品的基础,亦是估计海域生产力和渔业资源潜力大小的重要标志之一。

海洋植物初级生产力的研究开始得较晚。H.施罗德于1919年第一个简单地报道了定生藻类的初级生产力。1927年,T.盖尔德和H.H.格兰首先应用测氧法,即黑白瓶法,测定了海洋初级生产力。该法用黑、白瓶分别测定光合生物进行呼吸作用所消耗的氧和进行光合作用所释放的氧,根据其差别计算出初级生产力。1952 年,E. 斯蒂曼-尼尔森提出 ^{14}C 测定方法。该法灵敏度比测氧法高约 100 倍,且不需要长时间曝光培养,尤其适合于测定贫营养的大洋区的初级生产力,因而被海洋学家选用为测定初级生产力的常规方法。20 世纪 60 年代以来,研究人员采用液体闪烁计数器,提高了 ^{14}C 的测定效率。但测氧法和 ^{14}C 法只能测定不连续水样中的光合作用速率,很难了解海洋浮游植物初级生产力全貌。鉴于浮游植物中的光合色素直接参与光合作用,通过叶绿素 a、b、c 含量比例的测定,可以分析样品中的种类组成,根据叶绿素 a 的含量,可以间接地推算出初级生产力。因此,国际上现已广泛采用叶绿素含量测定法。叶绿素含量的测定法有分光光度法和荧光光度法。20 世纪 70 年代以来,遥感技术的发展加快了海洋初级生产力的调查研究步伐。一些学者根据海洋生态系的平均生产力值,绘出了全球海洋初级生产力图。不少学者还根据生物的和非生物的参数,对初级生产力进行了数学模拟研究。

海洋初级生产量是光照强度变化的函数,因此光照的强弱是影响海洋初级生产力的最重要因素。除光线因素外,N 和 P 的含量是一个重要因素,N、P 含量低时,浮游植物的种群数和生产力也低。上升流也是一个影响因素,在光合作用过程中,浮游植物从海水中吸收无机营养物质,把它同化成颗粒态有机物,颗粒态有机物的比重比海水大,逐渐下沉。如果没有再生作用或海水混合过程,真光层势必会越来越贫营养化。但是由于上升流的作用,富营养的深水与表层水发生混合作用,使真光层的营养得以补充,才保持了一定的初级生产量。

季节也是一个影响因素,如在夏季,随着日照的增强,表面水层温度上升,其比重较深水层低,结果真光层中的水体得不到深层水的混合,营养物质含量逐渐降低,浮游植物和初级生产量就相当有限。

不同的海域也有影响,一般讲大洋热带区的初级生产量要比温带区低,因为热带真光层的水体没有季节性的垂直混合,水体中溶解的营养物质含量相当低。

初级生产力是由新生产力和再生生产力两部分组成。新生产力是在 1967 年由 Dugdale 和 Georing 提出的。他们认为进入初级生产者细胞内部的任何一种元素可划分为再循环和新结合两类,把初级生产力分为再生生产力和新生产力两部分。他们提出:在真光层,再循环的氮为再生氮(主要

是 $NH_4^+ - N$);由真光层之外提供的氮为新生氮(主要是 $NO_3^- - N$)。由再生氮支持的那部分生产力为再生生产力,由新生氮支持的那部分生产力称为新生产力。

浮游植物营养物来源于以下途径:①透光带以下补充。②浮游动物再生。③微生物再生。三者所占的重要性随不同位置和不同季节而变化。在分层(上面的混合层和与之相隔的深水层)的水域里存在两种营养物来源:一种在混合层中再生出,能够被浮游植物迅速利用,被称为再生营养物(氨和尿素);另一种在较深层水中再生,必须等深层水上升后才能够被真光层浮游植物利用,被称为新生营养物(硝酸氮)。

海洋次级生产力,或称2级生产力,是以植物和细菌等初级生产者为营养来源的生物生产能力,是初级生产者与3级生产者的中间环节。2级生产者主要指浮游动物、大部分底栖动物和植食性游泳动物,诸如幼鱼、小虾等。海洋3级生产力,是以浮游动物等2级生产者为营养来源的生物生产能力。3级生产者主要包括肉食性鱼类和大型无脊椎动物。终级生产力,是一些自身不再被其他生物所摄食的生物生产力,它处于海洋食物链的末端。终级生产者主要指凶猛鱼类和大型动物。海洋动物生产力包括海洋生物2级、3级、4级(三者合称为次级生产力)直到终级生产力。

海洋生物数量不仅同浮游生物的数量多少有关,而且同食物链的级次有紧密联系。通常,食物链级次每升高一次,海洋生物数量减少4/5～9/10。由于大洋区的食物链一般为5级,沿岸区为3级,上升流区为1.5级,故上述海区的鱼类生产量和单位面积的鱼类生产力差异悬殊。据推算,大洋区鱼类生产量仅为上升流海域和沿岸区的1/75,上升流海域和沿岸区单位面积鱼类的生产力,分别较大洋区高6万和680倍。在热带洋区,生物生产力和陆地上的沙漠一样低。

7.5 海洋中的有机物污染

有机物污染主要是由生活污水、工业废水和农牧业排水中含有的大量有机物质,如碳水化合物、蛋白质、脂肪等排入近海时造成的污染。这些丰富的有机物质和营养盐使得生物大量繁殖,无论是生前还是死后都消耗了水中的溶解氧,造成海洋中生物的大量死亡,甚至造成鱼虾绝迹、臭气难闻的"死海"。目前,沿海赤潮的频繁发生就是这种污染的结果之一,其往往造成巨额经济损失。

油污染是水体污染的重要类型之一,特别是河口、近海水域更为突出。排入海洋的石油每年高达数百万吨至上千万吨,约占世界石油总产量的5%。油污染主要是工业排放、石油运输船只的油舱清洗、机件及意外事件导致的流出、海上采油作业等造成的。

近年来,石油仍是近海的主要污染物之一,污染范围广。渤海、黄海、东海、南海的油污染都有不同程度的上升趋势。20世纪80年代中后期,我国近海水中含油量超标率(超过一类海水水质标准)一般为百分之几到十几,1993年达到37.6%,1994年虽略有下降,但南海仍达24%。四个海区中,南海近海油污染最严重,1985—1994年的10年间,历年油浓度均值都接近、甚至超过一类海水水质标准,污染比较严重的海区范围也由80年代初的珠江口扩大到粤东、粤西、北部湾,甚至海南岛部分海区。其他海区污染比较严重的还有长江口、杭州湾、舟山渔场、辽东湾北部、渤海湾西部等地,尤其是舟山渔场,油类的检出率达100%,且大多超出渔业水质标准,最高超标达几十倍,对渔业资源造成了明显影响。

油污染的危害是多方面的:①破坏优美的滨海风景,降低其作为疗养、旅游等的使用价值。②严重危害水生生物,尤其是海洋生物,它可以粘住卵和幼鱼而影响其活力;堵住鳃、鼻孔、喷水孔等而使其窒息;刺激眼而导致其失明;粘住毛而使其丧失防水、保温能力;在体内积累,产生臭味,降低食用价值。③组成成分中含有毒物质,特别是其中沸点在300~400 ℃间的稠环芳烃,大多是致癌物,如苯并芘、苯并蒽等。④油膜厚度达 1×10^{-4} cm 就会阻碍水的蒸发和氧气进入,在污染区可能影响水的循环及水中鱼类生存。⑤引起河面水灾,危及桥梁、船舶等。

有机氯、有机磷药和多氯联苯等人工合成物质,在环境中和石油一样是不容易降解的一类污染物。人工合成的杀虫剂、除草剂等化学农药已有上千种,它们在农业上起了很大的作用,在除害灭病方面是不可缺少的,但这些农药多数毒性强、残留时间长、稳定性高,如要使DDT(有机氯类杀虫剂)在环境中的毒性成分降低一半,需经过10至50年的时间。这类农药如长期大量使用,必将给环境带来严重污染,这些有机染物通过各种途径进入海洋环境,积蓄在鱼、贝、虾、蟹体内,对水产资源也会造成十分严重的危害。

进入海洋中的有机物质,对沿海海区,特别是对海水交换较弱的半封闭性海区渔场和养殖场危害最大。主要表现在:①覆盖。如纤维素等极性有机大分子有亲水基团,由于亲水一端溶入水中,疏水一端露出水面,其覆盖力很强,往往阻碍海气交换,造成海洋动物窒息而死。②夺氧。有机物的分解需消耗大量水中的溶解氧,从而大大减少了水体中溶解氧的含量,影响海洋生物的正常呼吸。③致毒。遮光和其他生理、生化效应都会导致大量生物的死亡。总之,一般有机物污染对海洋生物资源的破坏是严重的。

　　另外,进入海洋的某些有机物质(如食品工业的废渣、酵母、蛋白质、人类粪便、农业废水、生活污水和造纸工业的纤维残留物木质素等),除一部分可直接被动物摄取外,大部分在细菌作用下分解成 CO_2 和氮、磷化合物,从而造成水体富营养化而引起赤潮。

　　海洋化学上除了用测定有机物浓度的方法来表示有机物的污染程度外,通常还用到两个参数,即化学耗氧量和生化耗氧量。关于这两个概念,前面已详述,这里不再赘述。

思考题

　　1. 海水中有机物是由哪些物质组成的?
　　2. 有机物对海水有什么影响?
　　3. 海水中有机物有什么特点?
　　4. 海洋生物能产生有机物,为什么海水中的有机物浓度却没有增加?
　　5. 测定溶解有机碳的方法有哪些?
　　6. 什么叫初级生产力、新生产力?
　　7. 海水中主要的有机物污染是什么?还有什么有机污染物对海洋的影响较大?

第8章 海洋同位素化学

同位素是原子核内质子数相同而中子数不同的原子,它们在化学元素周期表中占同一个位置。到目前为止,世界上已被发现的元素有110多种,其中只有20种元素未发现稳定的同位素,但所有的元素都有放射性同位素。大多数的天然元素都有几种同位素。目前发现的稳定同位素约有300多种,而放射性同位素竟达1 500种以上。

1932年,原子核的中子-质子理论被提出后,人们才进一步弄清,同位素就是一种元素存在的质子数相同而中子数不同的几种原子。由于质子数相同,所以它们的核电荷和核外电子数都是相同的(质子数=核电荷数=核外电子数),并具有相同的电子层结构。因此,同位素的化学性质是相同的,但由于它们的中子数不同,这就造成了各原子质量会有所不同,涉及原子核的某些物理性质(如放射性等)也有所不同。一般来说,质子数为偶数的元素,可有较多的稳定同位素,而且通常不少于3个,而质子数为奇数的元素,一般只有一个稳定核素,其稳定同位素从不会多于2个,这是由核子的结合能所决定的。

稳定同位素(stable isotope):无可测放射性的同位素为稳定同位素,其中包括放射性同位素衰变到最后的终极产物和自原子核合成以来就保持稳定的同位素。这种同位素是沉积物中稳定同位素研究的主要对象,它们具有独特的质谱特征,如 ^{13}C、^{18}O、^{57}Fe。

放射性同位素(radioisotope):凡能自发地放出粒子并衰变为另一种同位素的为放射性同位素,它们具有特征的半衰期,如 ^{14}C。

同位素丰度是衡量同位素多少的指标。绝对丰度指某一同位素在所有各种稳定同位素总量中的相对份额。相对丰度指同一元素各同位素的相对含量。影响同位素丰度差异的因素有与原子核合成的有关化学过程、与放射性衰变有关的过程、同位素分馏过程。

在 19 世纪末，人们先发现了放射性同位素，随后又发现了天然存在的稳定同位素，并测定了同位素的丰度。大多数天然元素都存在几种稳定的同位素。许多同位素有重要的用途，如 H 的同位素是制造氢弹的材料；U 的同位素是制造原子弹的材料和核反应堆的原料。同位素示踪法广泛应用于科学研究、工农业生产和医疗技术方面，例如用 O 标记化合物确证了酯化反应的历程，I 用于甲状腺吸碘机能的实验等。

海洋中含有多种稳定性同位素和放射性同位素，虽然它们是同一种元素，丰度很低且相对比值恒定，但由于质量上存在差异，其物理性质略有不同。这些同位素在地球化学循环中，在各种物理、化学和生物阶段，它们的丰度比会发生微小又明显的变化。稳定同位素的这种性质可用来作为水团的特征参数，通过它来研究水团和海流的运动规律，确定水团垂直混合的性质和速率。放射性同位素具有特征性的半衰期，它们既可以作为研究海洋中海水循环体系的示踪剂，又可用于研究不同水团之间海洋与大气或海洋与沉积物之间所进行的各种交换。一些长寿命的核素可用来描述海洋沉积物的年代。本章着重介绍一些海洋中较重要的稳定同位素和放射性同位素以及它们在海洋化学中的应用。

8.1 海洋中的稳定同位素

8.1.1 海水中的稳定同位素

海水的主要成分是水，在水分子中除含有一般的 ^1H 和 ^{16}O 外，还含有原子质量较重的同位素氘（D，质量为 H 的 2 倍）、^{17}O、^{18}O。在海水中每 6 410 个水分子中就有一个 H 被 D 所替代，每 500 个水分子中就有一个 ^{16}O 被 ^{18}O 所替代。除此以外，海水中还含有 ^{12}C、^{13}C；^3He、^4He；^{10}B、^{11}B；^{14}N、^{15}N；^{32}S、^{34}S；^{86}Sr、^{87}Sr；^{204}Pb、^{206}Pb、^{207}Pb、^{208}Pb 等稳定同位素。

（1）稳定同位素丰度：某元素的某种稳定同位素所占的百分数。如：

^{16}O:99.763%，^{17}O：0.035%，^{18}O：0.1995%。

(2) 稳定同位素比值(R)：某种元素的两种稳定同位素含量之比(重/轻)。稳定同位素比值容易直接测量(同位素比值质谱法)。

氢：$R = {}^2H/{}^1H = 155.7 \times 10^{-6}$；氧：$R = {}^{18}O/{}^{16}O = 1999.7 \times 10^{-6}$。

(3) δ值：样品中两种稳定同位素比值($R_{样}$)与标准中该两种稳定同位素比值($R_{标}$)的相对千分偏差，即 $\delta(‰) = (R_{样} - R_{标})/R_{标} \times 1000 = (R_{样}/R_{标} - 1) \times 1000$。其中：δ>0 表示样品中所含的重同位素比标准中丰富；δ<0 表示样品中所含的重同位素比标准中稀少。

δ值与稳定同位素标准的选择($R_{标}$)有关。国际上提供了不同元素的稳定同位素标准(见表8.1)。

稳定同位素标准的选择条件为：原料充足；同位素组成均匀；制样方法简单；稳定同位素比值接近天然组成变化的中间值。

表 8.1 稳定同位素标准

元素	同位素标准	略称
H	Standard Mean Ocean Water (标准平均大洋海水)	SMOW
C	Belemnitella Americana from the Cretaceous Peedee formation, South Carolina(美国箭石，一种箭石的化石)	PDB
N	Atmospheric N$_2$(大气中 N$_2$ 的稳定同位素组成恒定，因此稳定氮同位素标准物质为大气中的 N$_2$，定义其 δ^{15}N=0‰)	
O	Standard Mean Ocean Water (标准平均大洋海水)	SMOW
	Belemnitella Americana from the Cretaceous Peedee formation, South Carolina(美国箭石，一种箭石的化石)	PDB
S	Troilite (FeS) from the Canyon Diablo iron meteorite (一种陨硫铁矿)	CDT

(4) 同位素分馏：某种元素的稳定同位素比值经过物理化学过程(如化学反应、相变、分子扩散等)后发生的改变。

同位素分馏系数(α)：产物与反应物中某稳定同位素比值之商，即 $\alpha_{A-B} = R_A/R_B$。

同位素分馏机理分为热力学分馏和动力分馏。同位素交换反应(热力学分馏)是不同化合物之间、不同相间或单分子之间的同位素交换。如：

$$H_2O + HD \rightleftharpoons HDO + H_2; {}^{16}O_2 + C{}^{18}O \rightleftharpoons C{}^{16}O + {}^{16}O{}^{18}O$$

同位素动力分馏是由于分子量差异导致的同位素运动速度不同而引起的分馏。如 C^{16}O^{18}O 比 C^{16}O$_2$ 扩散速度小 22‰，因此在分子扩散过程中引起分馏。

含 ^{18}O 的水分子,蒸发速度不如含 ^{16}O 的水分子快,从大洋逸出的水汽中,^{18}O 的同位素的比例比 ^{16}O 少约 0.8%,当此过程倒转过来时,即水汽变成雨或雪降落下来时,此种分馏作用也倒转过来,即云中形成的水滴,相对于产生水滴的水汽含有更多的 ^{18}O。研究表明,高纬度水样的盐度和 ^{18}O 的含量都比赤道区的水样低。这反映了两个事实,即:高纬度的雨水缺少 ^{18}O;水汽通过大气有一个向北净迁移的过程。

8.1.2 稳定同位素在海洋学上的应用

已用来研究海洋学问题的稳定核素有:D、^{13}C、^{15}N、^{18}O、^{34}S、^{206}Pb、^{207}Pb 和 ^{208}Pb 等。

1. 作为水团的示踪剂

组成水分子的氢有 3 种同位素,它们在水的蒸发和凝聚过程中,会发生同位素分馏效应,使海洋中氢的同位素的相对丰度出现微小的变化。通常将海水样品与标准平均大洋水比较,用相对于给定标准氘(D)富集的千分率 δ_D 表示此相对丰度的变化。因此,大洋中氘的含量可作为鉴别水团的特征参数。各大洋海水中的 δ_D 值在(−3∼8)‰范围内,且每个海域各有独特的垂直分布。淡水的 δ_D 值一般比大洋水小。利用氘含量鉴别水团比用盐度和温度更加灵敏。对于温度、盐度差异不大的水团,有时利用 δ_D 的差异也能加以识别。例如:在北纬 31°发现有 δ_D 为+4‰的含氘量较高的表层水,它向下伸入 500 m 深处,形成向南倾斜的半椭圆形分布断面。从 δ_D 的剖面图可以看出,在北纬 30°30′附近出现低 δ_D 区,与高 δ_D 区清楚地分开,这个高 δ_D 区是黑潮所在的区域,相邻的低 δ_D 区为大洋水所在处。若从盐度的剖面看,就没有这种明晰的界限。

2. 用于古地理环境的研究

已知淡水和海水的重碳酸根离子中碳的同位素比值,因大气-海洋间的分馏作用而有差异,故在由重碳酸盐沉淀形成的石灰岩中,这个比值也不一样。在陆生生物和海生生物之间,有机碳的同位素比值也不同。这样,根据沉积物的碳酸盐或生物有机碳中碳的同位素组成的变化,可帮助确定古海岸线和古三角洲的位置、古盆地的形状、海进海退的变迁和沉积物质的来源等有关问题。

3. $^{18}O/^{16}O$ 法测定海水的古温度

当含有氧同位素的碳酸钙沉淀与海水处于平衡的时候,只要水体中的氧同位素已知,就可以用来测定古温度。当碳酸钙从海水中沉淀出来(如进入生物壳体)时,相互间发生同位素交换反应,反应平衡时,其平衡常数与温度间有确定的关系,即碳酸钙的氧同位素组成是温度的函数。当温度升高时,相对较轻的 ^{16}O 由于有较高的活性,易于迁移,在同位素交换反应中将优先被吸收进入生物壳体中,致使 ^{18}O 含量相对减少,$\delta^{18}O$ 值随温度的升高而下降。

$$\frac{1}{3}CaC^{16}O_3 + H_2^{18}O \rightleftharpoons \frac{1}{3}CaC^{18}O_3 + H_2^{16}O$$

$$K = \frac{[CaC^{18}O_3]^{\frac{1}{3}}[H_2^{16}O]}{[CaC^{16}O_3]^{\frac{1}{3}}[H_2^{18}O]} = \frac{[CaC^{18}O_3]^{\frac{1}{3}}/[CaC^{16}O_3]^{\frac{1}{3}}}{[H_2^{18}O]/[H_2^{16}O]} \quad (8.1)$$

式中:K 为平衡常数。

4. ^{15}N 在海洋食物链各环节中的变化

测定北太平洋西部各种含氮物质(氮、氨、硝酸盐、溶解有机氮和各种生物体)中 ^{15}N 与 ^{14}N 的丰度比,发现溶解在海水中的氮的 $\delta^{15}N$ 值相对于大气的氮为 +0.9‰,这是由于海-气界面发生的核素分馏所引起的。在硝酸盐、浮游植物和海藻中,$\delta^{15}N$ 平均为 +7‰;而在浮游动物和鱼类中,$\delta^{15}N$ 分别为 +10‰ 和 15‰;至于 NH_3,在表层水中的 $\delta^{15}N$ 为 -3.5‰,而在深层水中为 +7‰。上述 $\delta^{15}N$ 从简单物质到复杂物质逐步增加的趋势表明,沿着海洋中食物链的增长,核素分级分离效应增大。这对研究各海区各种生态条件下的食物链是有帮助的。

5. 在古海洋学研究中的作用

(1) 有孔虫 $\delta^{13}C$ 在古海洋学中的应用。有孔虫 $CaCO_3$ 的 $\delta^{13}C$ 与海水溶解碳酸盐的 $\delta^{13}C$ 相关,可用于古海洋学的研究。如:底栖有孔虫 $\delta^{13}C$ 反映森林植被面积、指示冰期-间冰期过渡时期大量冰融水的注入,底栖与浮游有孔虫 $\delta^{13}C$ 的差值 $\Delta\delta^{13}C_{B-P}$ 能反映古生产力,底栖有孔虫碳同位素示踪可反映深层水演化。

(2) 有机碳稳定同位素比($\delta^{13}C_{org}$)的应用。$\delta^{13}C_{org}$ 作为沉积记录中的有机物整体参数之一,在区分海洋与大陆有机物的来源方面具有重要作用。$\delta^{13}C_{org}$ 主要反映了光合作用、碳同化作用以及碳源的同位素组成。绝大多数陆地植物的光合作用主要通过 C3 途径（Calvin 循环），这种植物称为 C3 植物。另外一些植物如甘蔗、玉米、高粱的光合作用主要通过 C4 途径（Hatch-Slack 循环），称为 C4 植物。此外还有一些肉质植物通过 CAM（景天酸代谢）途径，由于其对海洋的有机质贡献很小，因此可以忽略。陆地植物通过 C3 途径把大气 CO_2（$\delta^{13}C_{org} \approx -7‰$）合成有机质，其 $\delta^{13}C_{org}$ 为 $-27‰$。C4 植物的 $\delta^{13}C_{org}$ 则是 $-14‰$。海洋藻类有机碳的 $\delta^{13}C_{org}$ 通常是 $-22‰$ 至 $-20‰$。陆源 C3 植物与海洋藻类碳同位素差值约为 $7‰$，它是区分有机物来源的良好标志。

（3）单体分子碳同位素在古海洋学中的应用。单体化合物的碳同位素研究是将色谱分离与稳定同位素比值测定结合在一起的方法，在探索有机物质来源、古环境信息等方面有着有机质整体的 $\delta^{13}C_{org}$ 和传统生物标志物不可替代的优点。突出表现为：不同生物有机体合成相同的生物标志物常常具有不同的碳同位素分馏，因而单体碳同位素值有来源方面的特异性；只要该化合物碳骨架能完整保存，单体生物标志化合物 $\delta^{13}C_{org}$ 组成不像总有机质 $\delta^{13}C_{org}$ 那样会受降解作用影响。

6. 稳定同位素的其他应用

稳定同位素在海洋学上的应用除了上述几方面外，还可以利用 ^{3}He 作为水团的示踪剂，根据海水中硫酸盐 $\delta^{34}S$ 变化的趋势，判断蒸发岩的沉积年代以及利用 $\delta^{13}C$ 和 $\delta^{18}O$ 测定古海水的盐度等。

8.2 海洋中的放射性同位素

8.2.1 海水中的放射性同位素

众所周知，放射性同位素（radioisotope）是不稳定的，它会"变"。放射性同位素的原子核很不稳定，会不间断地、自发地放射出射线，直至变成另一种稳定同位素，这就是所谓的"核衰变"。放射性同位素在进行核衰变的时候，可放射出 α 射线、β 射线、γ 射线和发生电子俘获等，但是放射性同位素在进行核衰变的时候并不一定能同时放射出这几种射线。核衰变的速度不受温度、压力、电磁场等外界条件的影响，也不受元素所处状态的影响，只和时间有关。

放射性同位素的应用是沿着以下两个方向展开的。

一是利用它的射线。放射性同位素也能放出α射线、β射线和γ射线。α射线由于贯穿本领强，可以用来检查金属内部有没有砂眼或裂纹，所用的设备叫α射线探伤仪。α射线的电离作用很强，可以用来消除机器在运转中因摩擦而产生的有害静电。生物体内的DNA(脱氧核糖核酸)承载着物种的遗传密码，但是DNA在射线作用下可能发生突变，所以通过射线照射可以使种子发生变异，培养出新的优良品种。射线辐射还能抑制农作物害虫的生长，甚至直接消灭害虫。人体内的癌细胞比正常细胞对射线更敏感，因此用射线照射可以治疗恶性肿瘤，这就是医生们说的"放疗"。和天然放射性物质相比，人造放射性同位素的放射性强度容易控制，还可以制成各种所需的形状，特别是，它的半衰期比天然放射性物质短得多，因此放射性废料容易处理。在生产和科研中凡是用到射线时，用的都是人造放射性同位素。

二是作为示踪原子。一种放射性同位素的原子核跟这种元素其他同位素的原子核具有相同数量的质子(只是中子的数量不同)，因此核外电子的数量也相同，由此可知，一种元素的各种同位素都有相同的化学性质。这样，我们就可以用放射性同位素代替非放射性的同位素来制成各种化合物，这种化合物的原子跟通常的化合物一样参与所有化学反应，却带有"放射性标记"，用仪器可以探测出来，这种原子叫作示踪原子。人体甲状腺的工作需要碘，碘被吸收后会聚集在甲状腺内，给人注射碘的放射性同位素^{131}I，然后定时用探测器测量甲状腺及邻近组织的放射性强度，有助于诊断甲状腺的器质性和功能性疾病。近年来，有关生物大分子的结构及其功能的研究，几乎都要借助于放射性同位素。

海洋中的放射性同位素可分为三类：

(1) 原生放射性核素及其子核素。这种核素从元素生成以来已经存在，寿命很短。海水的放射性主要是有^{40}K、^{87}Rb和U产生的，其他放射性核素的浓度都很低，其中90%以上是由^{40}K产生的，其半衰期是1.29×10^9年，这种核素通过β蜕变和K电子俘获两个途径分别产生两种稳定的核素^{40}Ar和^{40}Ca。更重要的原生放射性核素是铀、钍和锕铀衰变系列。

铀系列：^{238}U经过α、β衰变，成为短寿命子体，最后形成稳定的^{206}Pb。占U的总量的99.27%。

钍系列：^{232}Th经过β、α衰变，最后形成稳定的^{208}Pb。100%的Th经过此变化。

锕铀系列：^{235}U 经过 β、α 衰变，最后形成稳定的 ^{207}Pb。占 U 的总量的 0.72%。

这些系列所包括的元素，具有各种各样的地球化学行为。因此，这些放射性核素在海洋中不是处于永久平衡状态。特别是钍和镤，它们很快从海水中消失而进入沉积物中。这使得这些元素的同位素浓度与铀的浓度比值比平衡值低很多。这些核素在海洋中的停留时间约为100年。

(2) 宇宙射线产生的放射性核素。它是在宇宙射线物质的连续冲击下生成的，半衰期比较短。宇宙射线是宇宙空间射到地球上的高能粒子流，在到达地面时，其能量大部分被大气中的一些气体的原子所吸收，从而使吸收能量的气体分裂成稳定的和不稳定的比母体轻的原子核。其半衰期从几百毫秒到106年不等。在海洋学上应用较多的是 ^{14}C 和氚(T)。目前主要用来作为测定过程速率的示踪剂。

(3) 人工放射性核素。由人类活动所产生，如核武器的裂变产物和原子能发电站的废物等。它们通过直接或间接的方式进入海洋，构成了存在于海洋中的人工放射性核素的主要来源。放射性污染主要是由放射性核素引起的一类特殊污染，包括放射性水污染。它通过自身的衰变而放射出一些射线，使生物及人体组织电离而受到损伤，从而引起放射病。水中放射性污染源主要有：天然放射性核素；核武器试验的沉降物；核工业的废水、废气、废渣；其他工业中的放射性废水及废弃物。水中放射性核素可转移到水生生物和粮食蔬菜中，对人造成损伤。人体中对辐射最敏感的是增殖旺盛的细胞组织，如血液系统和造血器官(红骨髓、淋巴组织)、生殖系统、胃肠系统、眼睛的水晶体、皮肤等。射线引起的远期效应主要包括：白血病和再生障碍性贫血、恶性肿瘤、白内障等。

海洋放射性污染源主要有以下四种：

①核武器爆炸。强烈的核爆炸给大气、海洋、土壤带来严重的放射性污染，其产生的放射性核素来源于裂变产物、活化产物和残余物。空中核爆炸产生大量放射性降落灰(尘埃)，这些降落灰进入海洋，是人工放射性核素的来源之一。近年来，由于禁止大气层核试验，直接来源于核爆炸的海洋放射性污染已明显减少。

②核动力舰船和原子能工厂排放的放射性废物。核潜艇开动后能产生

多种放射性废物,包括放射性液体、树脂及固体废物等。在核潜艇反应堆冷却水中就含有多种放射性核素。目前,全世界有近五百座核电站,其中约有一半在海边。将放射性废物排入海洋最典型的例子是美国汉福特原子能工厂和英国温茨凯原子能工厂,这些老厂以每年几十万居里(Ci)①的放射性活度向河流及大海排放,造成严重的区域性放射性污染。

③高水平固体放射性废物向海洋的投放。自1946年以来,美国等核大国向太平洋等海域投放数以万计各种类型装有放射性废物的包装容器,估计放射性活度达 13×10^4 Ci。这些海底储罐一旦破裂,高水平的放射性废物即能直接污染大片海域,因为深海海水也在运动,其垂直交换速度也相当快,且深海还有生物,这些生物也能做一定距离的垂直运动,它们能成为放射性核素的运载者。

④放射性核素的应用和事故。放射性核素在医学、科研上的应用日益广泛,在太空航行器、同位素能源发生器中都应用了放射性材料,这些都有可能造成环境放射性污染;核潜艇和卫星火箭失事乃是导致海洋核污染的原因之一,核潜艇的反应堆有上百万居里的放射性物质,一旦反应堆外壳破裂、泄漏,所造成的核污染将会十分严重。

8.2.2　放射性核素衰变的基本规律

放射性核素的衰变平衡有三种模式,即:暂时平衡;长期平衡;不平衡。

(1) 暂时平衡。当母体的半衰期比子体的半衰期大但不是大很多时,在衰变的过程中可以看出母体的变化,经过足够长的时间以后,母子体的放射性活度比存在恒定的关系。此时称母子体达到暂时平衡。

(2) 长期平衡。当母体的半衰期比子体的半衰期大很多时,在衰变的过程中看不出母体有明显的变化,经过足够长的时间以后,母子体的放射性活度相等。此时,我们称母子体达到长期平衡。

(3) 不平衡。当母体的半衰期小于子体的半衰期时,在衰变的过程中,起初母体衰变很快,子体也快速增长,随着时间的增加,母体衰变逐渐变慢,子体的增长也变得缓慢,母子体始终不能达到平衡,此时即为不平衡。

---

①　1居里(Ci)=3.7×10^{10}贝克(Bq)。

8.2.3 放射性核素在海洋研究中的应用

1. 海水的年龄

某个水分子从表层迁移到深层所经历的时间,称为"海水的年龄"。要确定海水的年龄,可利用 $^{14}C(t_{1/2}=5730\ a)$ 为示踪物。海水中 ^{14}C 的活度取决于所研究的水体的年龄及该水体与和 ^{14}C 的活度不同的各种水团的混合程度。用海水样品 $\delta^{14}c$(SMOW) 可表示其年龄。

$$\delta^{14}C=\left[\frac{(^{14}C/^{12}C)_{sample}}{(^{14}C/^{12}C)_{smow}}-1\right]\times 1\,000 \tag{8.2}$$

2. 海流运动示踪

人工放射性核素可用作海流运动的示踪剂,判别海流的方向并测定其流速。例如,1954年美国在太平洋中比基尼环礁进行了一系列核爆炸试验(称为城堡行动),对放射性核素进行了观测。用硫酸钡和氢氧化铁把核裂变产物从海水中沉淀下来,然后测定裂变产物β射线的强度。城堡行动的主要结果如下:

①放射性物质大部分自环礁向西北方向输送,西南方向也有部分逆流。

②一个月后,比基尼以西450 km处表层海水检测到最高放射性,强度为 $9.1\times 10^4\ dpm\cdot dm^{-3}$,计算流速为 $17.36\ cm\cdot s^{-1}$。

③四个月后发生大规模平移和扩散。浮游生物中检验出最高放射性,强度为 $8\times 10^5\ dpm\cdot g^{-1}$(鲜重)。海流流速约 $20\ cm\cdot s^{-1}$。

④九个月后检测的最高放射性为 $570\ dpm\cdot dm^{-3}$。污染海域移动到菲律宾吕宋岛,放射性物质随北赤道流向西运动。

⑤1955年夏,加拿大、日本和美国协作进行了北太平洋共同观测(NORPAC)。结果发现,放射性物质在北太平洋西部广大地区扩散,最高放射性区域沿日本列岛成带状扩展,即在日本沿岸流域的黑潮观察到最大放射性。这说明北赤道海流和黑潮流是相连接的。

3. 沉积速率测定

海洋沉积物的沉积速率是根据四种主要测年法测定的。

① $^{14}C(t_{1/2}=5730\ a)$ 法。

② $^{230}Th(t_{1/2}=7.52\times 10^4\ a)$ 和 $^{231}Pa\ (t_{1/2}=3.25\times 10^4\ a)$ 法,两种同位素

均由海水中溶解铀衰变而成。

③ ^{40}K($t^{1/2}=1.29\times10^9$ a)法。

④ ^{210}Pb($t^{1/2}=20.4$ a)、^{137}Cs($t^{1/2}=30.0$ a)法,等。

这些放射性同位素都用于测定沉积物年龄,且可同时求算不同时间尺度的沉积速率。

$$N = N_0 e^{-\lambda t}$$
$$\ln N = \ln N_0 - \lambda t \tag{8.3}$$

设沉积深度为 D,沉积速率为 S_r,则

$$t = \frac{D}{S_r}$$

$$\ln N = \ln N_0 - \lambda \frac{D}{S_r}$$

式中:N 为经过 t 时间以后剩下的未衰变母体原子数;N_0 为时间 $t=0$ 时放射性同位素的初始原子数;λ 为衰变常数。

作 $\ln N - D$ 图,由斜率 $= -\dfrac{\lambda}{S_r}$ 就可求沉积速率 S_r。

4. 其他应用——大尺度海洋混合过程

以模型为基础,研究 ^{14}C 在海洋-大气界面的交换及其在海洋中的混合,可算出海水的逗留时间、CO_2 的海-气交换速率。一般的结论是:太平洋深层水的逗留时间为 1 000~1 600 年,大西洋深层水的逗留时间约为太平洋深层水的一半,表层水逗留时间仅有 10~20 年。

作为宇宙射线成因的 ^{14}C 及 ^{32}Si、U 及 Th 衰变而成的 ^{226}Ra、^{228}Ra 与 ^{222}Rn 可用来确定海洋中扩散混合和移流混合的绝对速率。人工放射性同位素(^{14}C、^{3}H、^{90}Sr 及 ^{137}Cs)则提供了主温跃层内发生的混合过程的强有力示踪物。虽然这些同位素的潜力很明确,有关它们的测定方法也很效,但大规模地调查它们的丰度只是最近才开始的,在将来可以作出意义深远的解释。

此外,还可利用 ^{14}C 研究气体在海洋和大气之间的交换速率和深层水的上升规律;利用 ^{228}Pa 研究表层水在水平方向的混合速率;利用 ^{32}Si 研究近岸水的混合过程;利用 ^{3}H-^{3}He 法测定深度水的年龄;利用 ^{40}K-^{40}Ar 法测定洋盆的年代,验证海底扩张学说。

放射性同位素除了在海洋学上的应用外,利用其衰变时发射出的射线与海水介质的相互作用还可对含沙量进行测试,即含沙量测量(同位素测沙法)。此外,还可以与压力传感器相配合测量海水水深,即压力-密度法测量水深,又可与电磁流速仪等仪器相配合测量悬移质断面输沙率,还可用于沉降分析中测定泥沙(或物料)颗粒级分配曲线等。

思考题

1. 概述海洋同位素在海洋科学上的作用。
2. 试述同位素(稳定的和放射性的)在海洋学上的应用,并举例详细叙述。

第9章 海洋界面化学

  界面化学是一门既古老又新兴的科学，它是研究界面的物理化学规律及体相与表相的相互影响关系的一门学科。历史上对界面现象的研究是从力学开始的，早在19世纪初就形成了界面张力的概念。而最早提出界面张力概念的是T. Young，他在1805年指出，体系中两个相接触的均匀流体，从力学的观点看就像是被一张无限薄的弹性膜所分开，界面张力则存在于这一弹性膜中。Young还将界面张力概念推广应用于有固体的体系，导出了联系气-液、固-液、固-气界面张力与接触角关系的杨氏方程。1806年，拉普拉斯（P. S. Laplace）导出了弯曲液面两边附加压力与界面张力和曲率半径的关系，可用该公式解释毛细现象。1869年普里（A. Dapre）研究了润湿和黏附现象，将黏附功与界面张力联系起来。界面热力学的奠基人吉布斯（Gibbs）在1878年提出了界面相厚度为零的吉布斯界面模型，他还导出了联系吸附量和界面张力随体相浓度变化的普遍关系式，即著名的吉布斯吸附等温式。1859年，开尔文（Kelvin）将界面扩展时伴随的热效应与界面张力随温度的变化联系起来。后来，他又导出蒸汽压随界面曲率变化的方程即著名的开尔文方程。在1913—1942年期间，美国科学家Langmuir在界面科学领域做出了杰出的贡献，特别是对吸附、单分子膜的研究尤为突出。他于1932年获得诺贝尔奖，被誉为界面化学的开拓者。界面化学的统计力学研究是从范德华开始的。1893年，范德华认识到在界面层中密度实际上是连续变化的。他应用了局部自由能密度的概念，结合范德华方程，并引入半经验修正，从理论上研究了决定分子间力的状态方程参数与界面张力间的关系。20世纪50年代以后,界面现象的统计力学研究经过勃夫(F. Buff)、寇克伍德(Kirkwood)、哈拉西玛(Harasima)等的研究工作,取得了实质性的进展。

在一个非均匀的体系中,至少存在着两个性质不同的相。两相共存必然有界面。可见,界面是体系不均匀性的结果。界面一般指两相接触的约几个分子厚度的过渡区,若其中一相为气体,这种界面通常称为表面。常见的界面有:气-液界面、气-固界面、液-液界面、液-固界面、固-固界面。

关于界面的几点说明:

(1) 严格地讲,界面是"界"而不是"面"。客观存在的界面是物理面而非几何面,是一个准三维的区域。

(2) 目前,常用于处理界面的模型有两种:一为古根海姆(Guggenheim)模型。其处理界面的出发点是:界面是一个有一定厚度的过渡区,它在体系中自成一相——界面相。界面相是一个既占有体积又有物质的不均匀区域。该模型能较客观地反映实际情况但数学处理较复杂。另一个模型是吉布斯(Gibbs)的界面相模型。该模型认为界面是几何面而非物理面,它没有厚度,不占有体积,对纯组分也没有物质存在。该模型可使界面热力学的处理简单化。

任何两相之间界面上发生的物理化学过程称为界面化学(interface chemistry)。

9.1 海洋中的界面关系

海洋界面化学的界面主要有四类:液-固界面,例如海水-沉积物界面、海洋悬浮粒子-海水界面等;液-气界面,例如海水-大气界面、海-气相互作用的界面等;液-液界面,例如海水-河水、海水-海底热液等的界面;海水-海洋生物界面,例如海洋生物表面过程和作用以及生物的"膜过程"研究的界面等。

1. 空气-海洋界面

大气输送是陆源污染物入海的重要途径之一。陆源重金属微量元素(如汞、铅等),包括某些石油烃和有机氯在内的有机物,放射性核素和微生物等都可从大气沉降到海面,富集在海洋表面微层中(小于0.1 mm厚度的薄层)。当微表层气泡破碎时,污染物也可从海水回到大气。微表层对控制海-气间物质的交换速率起着支配作用。大部分物质在海-气界面都以两个方向进行迁移,但净通量是输入海洋。大气输送往往是某些污染物的主要入海途径,如已知重金属污染物铅和汞从海面气溶胶进入大洋的量大于河流输入量。另一方面,通过海-气交换作用,也可使近海倾废区的某些污染物通过大气向陆地输送。图9.1所示为Pb的大气迁移。

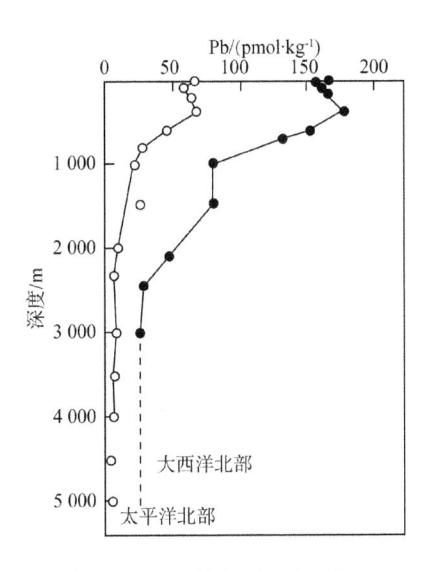

图9.1　Pb的迁移(大气途径)

2. 河流-海洋界面

河口海域是人类活动影响最大的区域。全世界的污染物质大部分是经过河流入海的。河-海界面物理混合过程较快,且由于酸碱度、盐度等环境因素的改变,化学过程也较为复杂。每年经河流进入海洋的淡水量约$4×10^{16}$ L,包括溶解和颗粒态金属、有机污染物在内的悬浮物质和溶解盐类约$2×10^{13}$ kg,其中18%左右是溶解盐类,82%左右是悬浮固体物质(参见表9.1)。

$$Fe^{3+} \xrightarrow{pH升高} Fe(OH)_3 胶体 \xrightarrow[水解]{高盐分电解质溶液} Fe(OH)_3 \downarrow$$

表9.1　2017年中国部分河流携带入海的污染物量　　　　单位:t

河流	化学需氧量	氨氮	硝酸盐氮	亚硝酸盐氮	总磷	石油类	重金属	砷
长江	6 828 604	42 008	1 359 382	8 612	153 795	35 589	4 556	1 950
珠江	2 672 434	27 373	479 740	23 169	43 459	3 104	2 935	480

续表

河流	化学需氧量	氨氮	硝酸盐氮	亚硝酸盐氮	总磷	石油类	重金属	砷
鸭绿江	862 200	29 892	55 942	1 330	7 303	134	528	53
钱塘江	412 602	9 156	66 053	3 082	5 060	848	521	74
南流江	348 695	4 802	20 594	1 060	2 573	697	73	8
新洋河	301 038	1 537	2 773	894	1 115	518	92	11
大辽河	209 208	4 434	44 765	5 295	3 280	1 159	289	49
射阳河	207 643	3 475	3 020	722	1 338	721	96	15
黄河	172 558	2 959	17 764	361	1 806	1 748	304	13
灌河	137 953	4 106	5 207	304	2 771	790	162	22
甬江	96 045	2 426	2 747	82	879	76	29	4
滦河	95 288	889	949	109	149	0	21	2
大洋河	87 437	2 215	8 542	314	455	3.5	84	5
苏北灌溉总渠	69 879	296	1 146	292	310	160	23	4

3. 颗粒物-海洋界面

颗粒物质不仅在河流向海洋输送污染物质中起主要作用,而且在污染物进入海洋后向海底的迁移过程中也起着重要作用。在河口海域,一方面颗粒物可以吸附离子或分子态污染物,使之从水体转入沉积物;另一方面,吸附了污染物的河流颗粒物质在河口海域由于颗粒物表面积缩小或吸附平衡改变,或与海水中高浓度的钙、镁离子交换,被吸着的污染物离子或分子也可以解吸,从颗粒物重新进入水体。

4. 沉积物-海洋界面

沉积物是大多数海洋污染物的最后归宿和储藏库。在这个界面上发生着复杂的物理、化学和生物过程(参见图9.2)。到达海底的颗粒态污染物也可以由于底层流和波浪的作用再悬浮而回到水体,或被底层流搬运而再迁移,再迁移的污染物在底层流减弱后可以在另一地点再沉积。进入沉积物的部分污染物经过长期的成岩作用可以最终埋藏在底层沉积物中,表层沉积物中有机结合态污染物可被氧

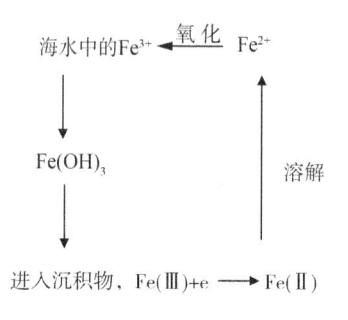

海水中的Fe^{3+} ←氧化— Fe^{2+}

↓ ↑

$Fe(OH)_3$ 溶解

↓ ↑

进入沉积物, $Fe(III)+e \longrightarrow Fe(II)$

图9.2 海水-沉积物(包括悬浮颗粒物)界面

化、分解而进入间隙水。由于污染物浓度在间隙水中高于上覆水,浓度梯度产生的扩散作用可使污染物从间隙水向上覆水扩散而形成对水体的"二次污染"。

5. 生物-海洋界面

海洋生物通过不同的方式从海洋环境中吸收和累积污染物,并经同化和转化,在海洋食物链中传递,以及通过向体外排泄等作用,构成了污染物的生物迁移转化系统。污染物进入生物体后,有的不经过同化作用,也没有改变形态即向体外排泄,有的经过同化作用,改变了形态后再排泄。如有的生物吸收有毒的离子态金属后,排出无毒或低毒的有机结合态金属。底栖生物如贻贝和牡蛎对重金属、烃类、石油和农药都有较大的积累作用,它们已被用来作为海洋污染的指示生物。

9.2 海水的化学组成与液-固界面关系

在海洋界面化学中,最多、最重要的自然现象都与液-固界面作用密切相关。海水的化学组成为何这样奇妙?是什么控制了海水的组成?海水中的络合作用、沉淀-溶解作用、酸-碱作用、氧化-还原作用都起着重要作用,但是液-固界面作用或海水中胶体微粒的吸着作用可能最关键,致使海水中一些元素残留量很低,表明它们和一些重金属因此而迁移到海底。近年来液-固界面作用理论主要有:①化学吸附理论。②表面络合理论。③分级离子/配位子交换理论。著名的海洋学家张正斌对上百个体系的"交换率(%)-pH 关系曲线"进行了定量研究,并进而用来研究液-固界面反应机理和液-固界面络合物。特别在实验中发现了"S 形曲线左右摆动现象",它能较合理地解释海洋化学方面关于有机物影响研究中若干明显的矛盾。同时,他还对上百个体系进行了较系统的化学动力研究,通过实验测定了它们的反应级数、速率常数和活化能等,并提出"固有液膜扩散和递进液膜扩散的复合控制型",将上述理论、普遍方程和规律等研究成果作为一种特殊的界面化学方法,应用于黄河口、珠江口和长江口等的河口-海洋化学研究上,成功地解释了诸如:黄河口含沙量和碳酸钙含量为世界之首,而无异常的界面性质,是因黄河口沉积物的界面特性与伊利石相似之故,珠江口则否,但亦与沉积物组成分析一致。界面特性有可能作为沉积物组成分析的一种重要的参考或旁证,为近岸海洋研究和开发提供依据。

被吸附物与吸附剂之间的作用发生在吸附剂表面称为吸附,不能确定界面过程是吸附或吸收时,统称吸着。影响液-固界面吸着作用的主要因素有 pH 效应和有机物络合效应及盐度效应。体系 pH 对吸着作用的影响比较复杂,要具体情况具体分析和解释。①海水中大多数元素的存在形式强烈地依赖于体系的 pH,不同存在形式的元素,吸着能力很不相同。②体系 pH 能极大地影响吸附剂的表面电荷。例如水合氧化在低 pH 时表面带正电荷,高 pH 时带负电荷。同时还会影响吸着剂表面的组成和性质,从而影响对元素的交换吸着作用。③水分子或羟基在离子交换或吸附时能与微量元素竞争。以上各种效应经常复合在一起,使体系 pH 对吸着作用的影响比较复杂。影响海水中液固界面交换-吸附作用的其他因素还有有机络合效应和盐度(离子强度)效应。对阴离子交换-吸附,则因阴离子的物种化学存在形式随体系 PH 和其他配位体的共存而变化,情况更为复杂。

国际上流行的液-固界面交换-吸附理论主要有三种:化学吸附理论或双电子理论、液-固界面络合理论、液-固界面分级离子/配位子交换理论。这三种理论在描述化学吸附上是一致的,只是描述的角度有所不同。分级离子/配位子交换理论强调静电作用和配位作用同时共存,下面主要介绍海水中液-固界面分级离子/配位子交换理论。

海水中常见的交换-吸附剂:

(1) 水合氧化物,具有表面羟基的两性离子交换特性即在不同 pH 条件下,既可能是阳离子交换剂,又可能是阴离子交换剂。如氢氧化汞及碱式碳酸锌,已用于水溶液重金属离子的富集和分离,还可用于海水提铀。

(2) 黏土矿物,黏土是一类具有复杂的铝硅酸盐结构的天然矿物,是一种重要的无机离子交换剂,也是海洋沉积物和海水悬浮物的主要组分。黏土矿物主要有:伊利石、高岭石、蒙脱石、绿泥石和蒙皂石等。一般认为,黏土的主要特性是阳离子和阴离子的交换性质。

液固界面的离子/配位子交换吸附性质是多种多样的,具体如图 9.3 所示:

(1) 表面羟基酸-碱两性反应,固体表面有三种存在形式:中性存在式 $\rightarrow$S-OH;失去质子带负电 $\rightarrow$S-O$^-$;得到质子带正电 $\rightarrow$S-OH$_2^+$。

(2)阳离子交换,包括单齿结合和双齿结合。

(3)阴离子交换,包括单齿结合 $\twoheadrightarrow\!\!S\text{-}O\text{-}PO_3H_2^0$、$\twoheadrightarrow\!\!S\text{-}O\text{-}PO_3H^-$、$\twoheadrightarrow\!\!S\text{-}O\text{-}PO_3H_3^+$ 和双齿结合 $\left[\begin{array}{c}\twoheadrightarrow\!\!S\text{-}O\\ \twoheadrightarrow\!\!S\text{-}O\end{array}\!\!P\!\!\begin{array}{c}OH\\ O\end{array}\right]^0$、$\left[\begin{array}{c}\twoheadrightarrow\!\!S\text{-}O\\ \twoheadrightarrow\!\!S\text{-}O\end{array}\!\!P\!\!\begin{array}{c}OH\\ O\end{array}\right]^{-1}$ 等。

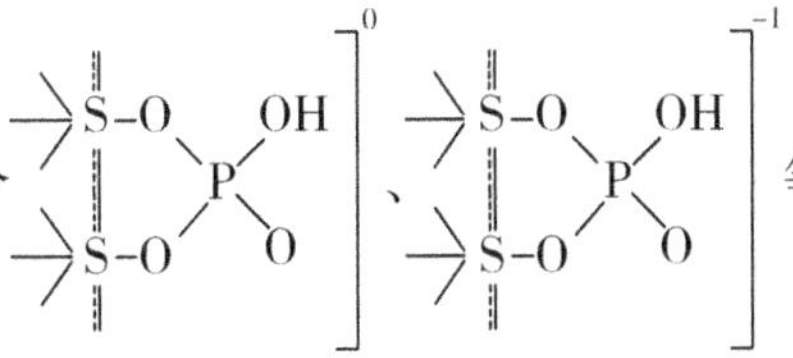

(4)络离子交换,包括正电荷络离子交换 $\twoheadrightarrow\!\!S\text{-}O\text{-}CuCl]^0$、负络离子交换 $\twoheadrightarrow\!\!S\text{-}O\text{-}CuCl_2]^{-1}$、各级络离子的逐级交换 $\twoheadrightarrow\!\!S\text{-}O\text{-}CuCl_n]^{-(n-1)}$。

(5)三元络合物的生成。

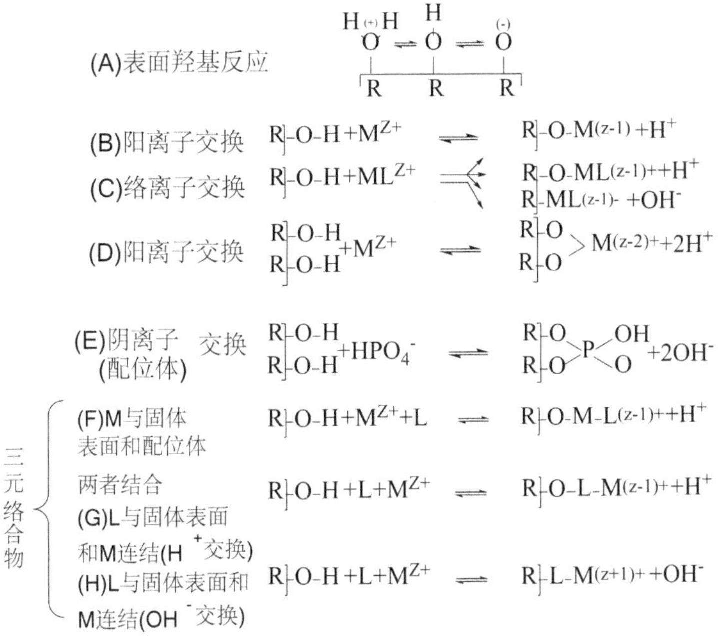

(A)表面羟基反应 $\begin{array}{ccc}H_{(+)}H & H & \\ O & O & O_{(-)}\\ | & | & |\\ R & R & R\end{array}$ 中间带可逆箭头

(B)阳离子交换 R]-O-H + M^{z+} ⇌ R]-O-M$^{(z-1)}$ + H$^+$

(C)络离子交换 R]-O-H + ML^{z+} ⇌ R]-O-ML$^{(z-1)+}$ + H$^+$
                              R]-ML$^{(z-1)-}$ + OH$^-$

(D)阳离子交换 R]-O-H
              R]-O-H + M^{z+} ⇌ R]O⟩M$^{(z-2)+}$ + 2H$^+$
                                  R]O

(E)阴离子 交换 R]-O-H
   (配位体)   R]-O-H + HPO$_4^-$ ⇌ R]O⟩P⟨OH/O + 2OH$^-$
                                    R]O

三元络合物 {
(F)M与固体表面和配位体两者结合   R]-O-H + M^{z+} + L ⇌ R]-O-M-L$^{(z-1)+}$ + H$^+$

(G)L与固体表面和M连结(H$^+$交换)   R]-O-H + L + M^{z+} ⇌ R]-O-L-M$^{(z-1)+}$ + H$^+$

(H)L与固体表面和M连结(OH$^-$交换) R]-O-H + L + M^{z+} ⇌ R]-L-M$^{(z+1)+}$ + OH$^-$
}

图9.3 液-固界面的离子/配位子交换现象

9.3 海-气界面

由于表面吸附,造成在溶液与气相的交界处存在着一个浓度和性质与两体相不同的表面薄层,它的组成和性质是不均匀的。此表面层也可理解为是两体相的过渡区域。如图9.4(a)所示。吉布斯从另一角度定义了表面相,他将表面相理想化为一无厚度的几何平面SS,如图9.4(b)所示,即将表面层与本体相的差别,都归结于此平面内。根据这个假设,吉布斯应用热力学方法导出了等温条件下溶液表面张力随组成变化的关系,称为"吉布斯吸附等温式"。

$$\Gamma = -\frac{c}{RT} \cdot \frac{d\gamma}{dc} \tag{9.1}$$

式中:Γ 为表面吸附量($mol \cdot m^{-2}$);T 为热力学温度(K);c 为稀溶液浓度($mol \cdot L^{-1}$);γ 为表面张力($N \cdot m^{-1}$);R 为气体常数。

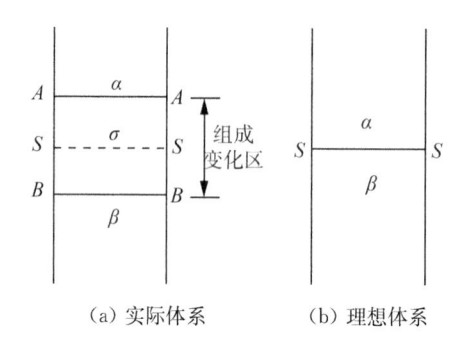

(a) 实际体系　　(b) 理想体系

图 9.4　吉布斯吸附定理

它的物理意义是:在单位面积的表面层中,所含溶质的物质的量与具有相同数量溶剂的本体溶液中所含溶质的物质的量之差值。

从式(9.1)可看出,吸附量 Γ 的符号取决于表面张力随浓度的变化率 $d\gamma/dc$,若 $d\gamma/dc < 0$,则 $\Gamma > 0$,溶质发生正吸附,这时溶质在表面上的浓度比溶液内部的大;反之,当 $d\gamma/dc > 0$ 时,溶质发生负吸附,这时溶质在表面上的浓度比溶液内部的小,即溶剂在表面上的含量更多。

吉布斯吸附研究的海洋表面正常现象：

（1）对于有机物质，表层中的有机碳、氮、磷的浓度都高于次表层，甚至可见膜层不存在时，有机物也能在微表层中富集；颗粒有机物比溶解有机物的富集因数更大，可见固体颗粒在有机物富集中起了重要作用。

（2）叶绿素-a，在海水表层中富集，但富集机制复杂，待进一步研究。

结论：有机物和叶绿素在表层中的分布规律遵循吸附定律，即有机物和叶绿素在海洋表层中富集，发生在溶液表面是正吸附；海洋表层中有机物的$d\gamma/dc$是负值，与溶液吉布斯吸附定律一致。

9.4 海水-沉积物界面

9.4.1 上覆水、间隙水的基本概念

海洋沉积物上覆水一般指海底沉积物上一定厚度层的海水，在取样时，一般把离海底2～3 m的海水作为海洋沉积物的上覆水（或称底层水）。这层水是海洋上层水与表层沉积物（间隙水）物质交换的必经之道，同时也是沉积物-海水界面间物质交换的接受体或物质源。

海洋沉积物间隙水是指占据海底沉积物颗粒之间及岩石颗粒之间孔隙的水溶液，也称为孔隙水。沉积物间隙水的组成，不但因沉积的深度而异，而且有区域分布，这和海洋沉积过程、成岩过程和生物扰动有密切的关系。影响间隙水组成变化的主要因素为沉积速率、氧化还原电位和沉积物中有机物的含量。

9.4.2 沉积物-海水界面的一般作用

海洋中固体粒子的无机组分主要是黏土矿物、金属氧化物和$CaCO_3$等，有机组分主要是腐殖质和海洋浮游生物、细菌和微藻等及其分解物和排泄物等。沉积物-海水界面的一般作用如图9-5所示。

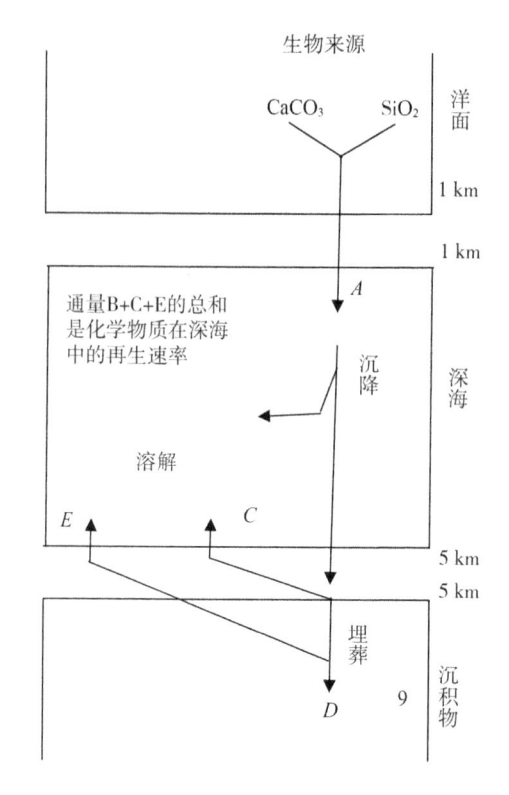

通量	CaCO₃	SiO₂
A	100	100
B	35±17	50±10
C	53	46
D	12	4
E	1±1	2±2

生物形成的CaCO₃和SiO₂在海洋中的沉积速率/%

图 9-5　海洋中固体粒子的生物来源

9.4.3　沉积物-海水界面的物质交换通量

沉积物-海水界面的化学过程对控制上覆水和沉积物环境的化学性质、各种营养要素和污染物质的生物地球化学循环等起着重要作用。水底沉积物中营养物质的再生，对于水体中营养盐的收支循环动力学和初级生产力的维持有着极其重要的作用。在 Chesapeake 湾，沉积物中营养盐的释放量占整个海湾营养盐总负荷的 10%～40%。在 Port Philip 海湾，沉积物通过深海底再生，每年向整个海湾输入 63% 的 N 和 72% 的 P。在渤海，每年沉积物向海水提供的 P 和 Si 分别占渤海 P、Si 循环总量的 86.4% 和 31.7%。

化学物质通过沉积物-海水界面的交换分为：

① 固体（矿物、骨骼和有机物质）的沉积作用通量。

② 由于沉积柱的生长，溶解物质和水进入沉积物的通量。

③ 由于海水的压力梯度，溶解物质和间隙水向上流动的通量。

④间隙水中的分子扩散通量。

⑤沉积物和海水在界面上的混合交换通量(生物的扰动和水湍动)。

沉积物-水界面的交换过程以扩散为主。交换通量通常采用计算法和实测法进行研究。

物质交换通量的计算方法：

物质在沉积物-海水界面上的扩散通量由沉积物表面附近上覆水和间隙水的浓度差异所控制。根据Fick第一扩散定律：

$$F = -\phi D_s (\partial C/\partial Z) \quad (9.2)$$

式中：F 为通过沉积物-海水界面的扩散通量；ϕ 为沉积物孔隙度；$\partial C/\partial z$ 为沉积物-海水界面的浓度梯度，一般用表层沉积物间隙水浓度与上覆水浓度差 $\Delta C/\Delta z$ 估算；D_s 为包括沉积物颗粒排列不规则的弯曲效应在内的分子扩散系数，$D_s = D_0 \phi^{m-1}$，其中 $\phi \leq 0.7$ 时，$m=2$；$\phi > 0.7$ 时，$m=2.5 \sim 3.0$；D_0 为无限稀释溶液中溶质的扩散系数(见表9.2)。

表9.2 离子在无限稀释溶液中的理想扩散系数 D_0 单位：$10^{-5}\,\text{cm}^2/\text{s}$

阳离子	D_0 0℃	D_0 18℃	D_0 25℃	阴离子	D_0 0℃	D_0 18℃	D_0 25℃
H^+	56.1	81.7	93.1	OH^-	25.6	44.9	52.7
Li^+	4.72	9.69	10.3	F^-	—	12.1	14.6
Na^+	6.27	11.3	13.3	Cl^-	10.1	17.1	20.1
K^+	9.86	16.7	19.6	Br^-	10.5	17.6	20.5
Rb^+	10.6	17.6	20.6	I^-	10.3	17.2	20.0
Cs^+	10.6	17.7	20.7	IO_3^-	5.05	8.79	10.6
NH_4^+	9.80	16.8	19.8	HS^-	9.75	14.8	17.3
Ag^+	8.50	14.0	16.6	S^{2-}	—	6.95	—
$Cu(OH)^+$	—	—	8.30	HSO_4^-	—	—	13.3
$Zn(OH)^+$	—	—	8.54	SO_4^{2-}	5.00	8.90	10.7
Be^{2+}	—	3.64	5.85	SeO_4^{2-}	4.14	8.45	9.40
Mg^{2+}	3.56	5.94	7.05	NO_2^-	—	15.3	19.1
Ca^{2+}	3.73	6.73	7.93	NO_3^-	9.78	16.1	19.0
Sr^{2+}	3.72	6.70	7.94	HCO_3^-	—	—	11.8

续表

阳离子	D_0			阴离子	D_0		
	0℃	18℃	25℃		0℃	18℃	25℃
Ba^{2+}	4.04	7.13	8.48	CO_3^{2-}	4.39	7.80	9.55
Ra^{2+}	4.02	7.45	8.89	$H_2PO_4^-$	—	7.15	8.46
Mn^{2+}	3.05	5.75	6.88	HPO_4^{2-}	—	—	7.32
Fe^{2+}	3.41	5.82	7.19	PO_4^{3-}	—	—	6.12
Co^{2+}	3.41	5.72	6.99	$H_2AsO_4^-$	—	—	9.05
Ni^{2+}	3.11	5.81	6.79	$H_2SbO_4^-$	—	—	8.25
Cu^{2+}	3.41	5.88	7.33				
Zn^{2+}	3.35	6.13	7.15				

物质交换通量计算方法的优点是将沉积物－海水界面上的交换过程简化为分子扩散，工作量相对较低。缺点是忽略了生物扰动、浪和流搅动等作用对海水－沉积物交换过程的影响，而且也忽略了沉淀－溶解、吸附－解吸、氧化还原等过程对物质在沉积物－海水界面上交换过程的贡献，因此对物质在海水－沉积物界面上交换通量的估计误差较大。

9.4.4 物质交换通量的实测方法

实验室培养。采集未受扰动的柱状沉积物，在现场或实验室加入现场海水，保持一定的温度、氧化还原环境和水动力条件进行培养。每间隔3～4 h取样测定上覆水中物质浓度的变化。

实验室培养存在的问题：培养过程中采取向培养的沉积物柱子中加入海水以保持上覆水体积不变，这样必然会引起上覆水物质浓度甚至溶解氧浓度的变化。每隔一定时间加入上覆水扰动物质在沉积物－海水界面上的各种交换动力学过程，无法克服水体中颗粒物的沉降补充和表层沉积物的再悬浮对沉积物－海水界面之间营养盐交换速率的影响。工作强度较大，难度高。

原位培养。一般将培养装置固定在海底，围起一定面积的沉积物和一部分海水，用搅拌装置使容器内海水保持均匀，上部密封，然后通过特定的采样口采样。分析物质浓度的变化，同时采用微型电极测定培养箱内水体温度、pH和溶解氧等因子。解决了实验室与现场条件的差异引起的不确定性,所得结果最接近实际的,但是实验的费用,技术要求,强度和难度都较高。

思考题

1. 试述海洋中存在的界面关系。
2. 液-固界面吸附作用的 pH 效应有哪些?
3. 解释吉布斯吸附等温式。何为正吸附? 何为负吸附?

第 10 章 海水化学资源的综合利用

海水化学资源是指海水中所含有的具有经济价值的化学物质。海水中的元素按海水元素的性质分为金属元素和非金属元素两类(大多以化合物形式存在),特点是含量浓度低、总储量很大。如金(Au)的浓度为 4×10^{-6} mg/L,总储量却有 600 万 t。铀(U),1 t 海水只含 3.3 mg,而海洋中的总铀量却为 45 亿 t。在海水化学资源的开发中,以盐类的提取量最大,世界年产量超过 0.5 亿 t。目前,人们已能直接从海水中提取稀有元素、化合物和核能物质(如从海水中提镁、溴、硫磺、钾、铀和重水等),其中食盐、溴和镁已进入工业化生产,其他元素的提取处于研究阶段。

人类对海水化学资源的利用已有悠久的历史。其中利用最早、总量最大的当是海水制盐(氯化钠)了。海洋中氯化钠的总储量可达 4×10^{16} t。海盐是制造烧碱、纯碱、盐酸、肥皂、染料、塑料等不可缺少的原料。镁是机械制造工业的重要金属材料,飞机、船舶、汽车、武器、核设施的制造都离不开镁,它在海水中的总含量约为 1 800 万亿 t。溴在工农业、国防和医学等方面有着广泛应用,在工业上可制造燃料抗爆剂,在农业上是杀虫剂的重要原料,目前全世界 80% 的溴是从海水中提取的。锂在冶金工业中可用作脱氧剂和脱气剂,也可用作铍、镁、铝等轻质合金的成分,还是有机合成工业中的重要试剂。铀是高能燃料,在经济建设中可用于建核电站,军事上可制造原子弹,用作核潜艇、核动力航空母舰的燃料。

10.1 海水制盐

海水制盐的方法主要有 3 种,即太阳能蒸发法(盐田法)、电渗析法和冷冻法。其中盐田法历史最悠久,而且也是最简便和经济有效的方法,现在还在广泛采用。盐田法又叫滩晒法,盐田建在海滩边,借用海滩逐渐升高的坡度,开出一片片像扶梯一样的池子,利用涨潮或用风车和泵抽取海水到池内。海水流过几个池子,随着风吹日晒,水分不断蒸发,海水中的盐浓度愈来愈高,最后让浓盐水进入结晶池,继续蒸发,直到析出食盐晶体。电渗析法是 20 世纪 50 年代开始的一项技术。冷冻法通常在高纬度国家采用,海水结冰使盐卤分开,供制盐用。下面主要介绍太阳能蒸发法(盐田法)。

太阳能蒸发法(盐田法)制盐主要包括三个过程:

(1) 纳潮:把盐度高的海水存于水池中。以高盐度海水为好。

(2) 制卤:海水经过蒸发浓缩后为卤水。所谓制卤就是让海水经过一系列的蒸发池,蒸发到"食盐点"。海水需要经过低度蒸发池、中级蒸发池、高级蒸发池三道程序的自然风干,在依次流经每幅晒水池时每次能将盐度提高半度,经过中级蒸发池和高级蒸发池后,海水盐度会达到 25 度,这时就称做制盐的卤水。

(3) 结晶:海水到了结晶池,盐度达到 27 度时开始结晶产盐。结晶时不断从高级蒸发池里放水进来,盐便一层层积累。

制盐时,卤水盐度达 25 度后,放进生盐池中结晶产盐,但这时卤水盐度不能超过 29 度,否则将成为废水,因为 29 度以后结晶的不仅仅是盐的主要成分 NaCl,还有对人体有害的其他化合物,这时的盐将不是咸味,而成了苦味。遇到这种情况,盐农只能放弃多日的辛苦,将卤水重新排入大海,当然也可以把盐度过高的卤水送往附近的化肥厂,那里会用高温,将盐度提高到 30 至 31 度后结晶,用作制化肥的原料,或者生产制造玻璃纤维的原料,有些即可以用来生产瓦片。不过此时的结晶体像钉子般整齐地排成数排,与普通盐粒完全不同,这种结晶体对人体会有损伤,人只能敬而远之,而偶有进入盐度超过 30 度水中的工人,脚会开始溃烂。

10.2　海水提镁

镁是一种银白色、质轻、强度大的金属,广泛用于航空航天制造业、冶炼工业(高纯度的氧化镁晶粒是生产炼钢炉用的优质耐高温材料)、机械制造业(有替代钢、铅、锌等用途的趋势)等。镁也是组成叶绿素的元素,对农作物的生长发育有促进作用。

镁在海水中的含量很高,其质量分数为 $1.29×10^{-3}$,仅次于氯、钠,居第三位,总量为 1 800 万亿 t。由于高纯度的镁矿是稀少的,所以目前海水仍然是提取镁的主要来源。

海水提镁是往海水中加碱,沉淀出氢氧化镁,注入盐酸,脱水,从而获得无水氯化镁,电解氯化镁就得到金属镁。此外,直接电解海水也可以得到氯化镁。

海水中的镁,主要是以氯化镁和硫酸镁的形式存在。大规模地从海水中提取金属镁的工序并不复杂,即将石灰乳加入海水,沉淀出氢氧化镁,注入盐酸,再转化成无水氯化镁。海水制镁的中间产品氢氧化镁还可用于制取氧化镁、碳酸镁等其他产品。我们每天用的牙膏,它的主要成分是碳酸镁;水暖工在水管上包上一层白白的石灰一样的东西,使水管在冬天 −10℃ 左右也不致冻裂,这也是碳酸镁的功劳;甚至橡胶制造上也常用碳酸镁作填充材料。镁是海水中浓度占第三位的元素。海盐产量高的国家多利用制盐苦卤生产各种镁化合物。缺乏陆地镁矿的国家,还直接从海水中大量生产金属镁和各种镁盐。

10.3　海水制溴

"溴"是一种赤褐色的液体,具有刺激性的臭味。海水中溴的平均质量分数约为 $6.7×10^{-5}$,总含量有 100 万亿 t 之多,占整个地球溴的储量的 99% 以上,所以称为"海洋元素"。

(1) 用途:

①医药:生产镇静药、红药水、青霉素、链霉素等各种抗生素。

②农业:制作熏蒸剂和杀虫剂。

③工业：抗爆剂（往汽车用的汽油里放入二溴乙烯，可降低油耗约30%）、感光材料、橡胶工业、精炼石油。

（2）发展状况：使用溴会污染环境，现在已被限制，不少制溴工厂转向对海水中其他成分的生产。

在世界制溴工业中，主要原料曾是制钾母液和天然卤水，抗爆剂二溴乙烯的发现，促进了制溴业的发展，开始采用海水制取溴。20世纪80年代后期，世界各国开始使用无铅汽油，二溴乙烯的需求量减少，但其在生产阻燃剂及高效灭火剂方面又增添了新的用途。20世纪70年代，制溴工业原料有的又从海水转向天然卤水。目前，海水提取溴的总产量每年为20多万t，其中大部分是美国生产的，以天然的浓盐水为主要原料，而英、法、日等国以海水为主，以色列以死海海水为主。我国从20世纪70年代起，先后在青岛、羊口、连云港等地建成了初具规模的海水直接提溴工厂。

在海水中，溴主要以溴化镁和溴化钠的形式存在，海水提溴可采用两种方法，分别是吹出法和吸附法。

1. 吹出法

用硫酸将海水酸化，通入氯气氧化，使溴呈气体状态，然后通入空气或水蒸气，将溴吹出来。其基本工艺流程是酸化、氧化、吹出、吸收和蒸馏。

具体步骤：海水首先进入一个水池，然后经过一根大管子，抽到吹出塔的顶部。这根管子也起着混合室的作用，向其中加入酸和氯气，这种酸是"再循环酸"，并补充以新的稀硫酸（在氯气之前加入），使pH降至3.5，以控制发生的水解反应。最后用风扇，使空气流经吹出塔，从海水中吹出溴来，用过的废海水放回海中。

为了让带溴的空气与二氧化硫混合，把它通进吸收塔，在这里溴被还原，并被吸收在溶液中，这样吸收溶液中就含有很高浓度的氢溴酸。再让它与氯气接触，被氧化为溴，用水蒸气蒸馏法由溶液中吹出。用这一方法可以从含碘高的油气井水中得到碘。

2. 吸附法

吸附法采用强碱性阴离子交换树脂作吸附剂，突出的优点是耗电少，并且不受温度影响。但使用树脂量较大，年产1 000 t溴的工厂约需消耗20 t干树脂，树脂的价格相对较高。

10.4 海水淡化

我国海水利用虽然起步较早,且是世界上少数几个掌握海水淡化先进技术的国家之一,但存在规模小、发展慢、市场竞争力不强等问题,主要表现在:

一是海水利用发展慢,与发达国家相比,差距较大。我国海水淡化水日产量仅占世界的1‰左右;海水作冷却水用量仅占世界的6%左右;海洋化学资源综合利用的附加值、品种和规模等方面与国外都有较大的差距。

二是海水淡化成本仍相对较高。海水淡化吨水成本虽已降到目前的5元左右,但相对于大部分沿海城市偏低的自来水价格而言,仍然偏高,这是制约海水淡化发展的最直接和最主要因素。总体上讲,海水淡化产业化规模不够、与相对较高的海水淡化成本形成互为因果的恶性循环。

三是相关法规不够健全。有条件利用海水但不利用的情况仍较严重,相关法规欠缺。

家庭用水要求含盐量质量分数为 5×10^{-4},含盐量高不适于饮用;工农业用水的含盐量质量分数也不能高于 3×10^{-3};海水含盐量质量分数平均为 3.5×10^{-2}。

海水淡化:是使含盐量为35‰的海水或苦咸水的含盐量减少到正常饮用水的标准的脱盐过程。海水中无机物质主要有氯化钠、氯化钾、氯化镁、硼、铀等。氯化钠的含量最高,可以达到浓度 35 g/L。

海水淡化技术发展历史:1593年,提出蒸馏生产淡水,用于远航船只;1872年,智利建成第一台太阳能海水蒸馏器;多效蒸馏用于海水淡化;1954年,电渗析法生产淡水装置问世;1957年,闪急蒸馏淡化工厂在科威特建成。海水淡化工作在近30年进展迅速,在一些国家已经成为具有相当规模的重要工业部门。

海水淡化工厂通常在以下三类地区:

第一类在沿海干旱地区,如科威特、沙特阿拉伯等,利用当地廉价的石油蒸馏海水,以解决缺水问题。

第二类在淡水供应困难的岛屿和矿区,如美国佛罗里达州的基韦斯特(距离大陆 200 km),这些地区即使通过管路输水,水费也很高,故采用淡化的方法就地解决。

第三类是在人口集中、工厂集中、耗水量大的沿海大城市,如美国加利福尼亚州的圣迭戈,主要是解决生活用水,有的用在工业上,少数供军事和旅游业的需要。

海水淡化的方法:目前已有 20 多种,如蒸馏法、电渗析法、反渗透法、冷冻法、离子交换法、水合物法和溶剂萃取法等。其中前四种具有实际意义,经济效果较好。

10.4.1 蒸馏法

最简单的脱盐装置就是老式的蒸馏器(如图 10.1 所示)。海水在蒸馏瓶中被加热沸腾后变为蒸汽,蒸汽不含盐分,当它在冷凝管中遇冷之后,又变成水,流到三角瓶中就成了淡水。冷凝管的套管中有循环的冷却水,它不断地把蒸汽放出的热量带走。

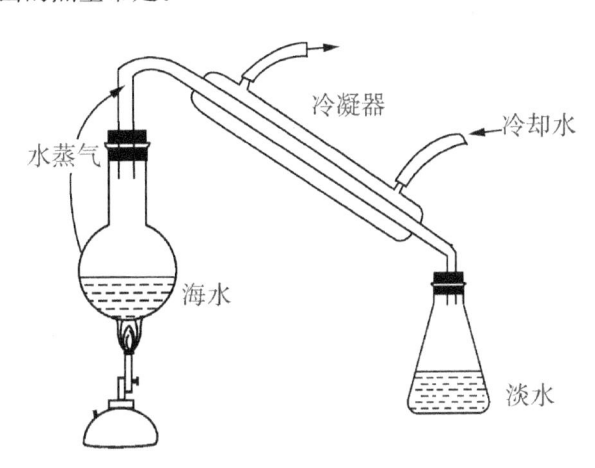

图 10.1 简单蒸馏原理示意图

1. 多级"闪急"蒸馏法

水的沸点随压力降低而降低。"闪急"蒸馏法就是先使海水在管中加热,然后引至一个压力较低的设备中,海水便急速汽化,蒸汽急速离开海水,而盐则留在液体中,这就叫"闪急"蒸馏(如图 10.2 所示)。

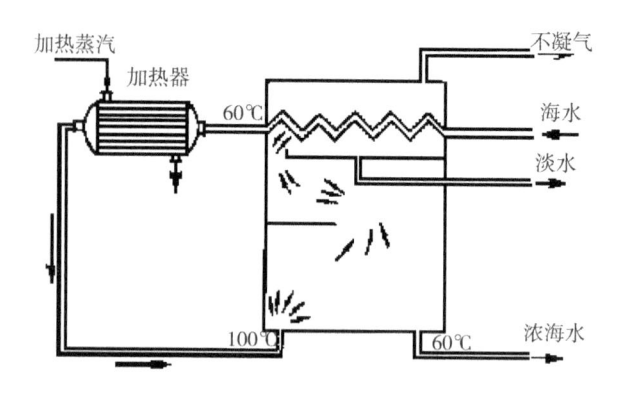

图 10.2 "闪急"蒸馏原理图

根据同样的原理可以构成多级"闪急"蒸馏。当海水进入右边第一隔室时,由于减压而出现"闪急"蒸发现象,其他隔室中的压力依次降低,情况类似。这样当蒸汽冷凝下来汇集在一起,就得到了淡水。而每个隔室中剩下来的海水,其含盐量从左到右逐渐增高,最后变成浓咸水被排出室外。这种设备中每一个隔室叫作一级。

与其他方法比较,多级"闪急"蒸馏法有如下优点:

①不在加热面上进行蒸发,所以结垢现象较轻。

②温度较低,可充分利用低温热源,热利用率较高,燃料和动力费用比较少,淡水成本低。

③结构较简单,操作方便,运行可靠,操作和维修费用较少。

但还存在设备较庞大,消耗材料多,海水循环量大,浓缩比小等缺点。

2. 太阳能蒸馏

太阳能蒸馏法就是利用来自太阳的辐射能量进行蒸馏(如图 10.3 所示)。

1872 年,智利在硝酸盐矿区建立起大玻璃罩蒸馏器,太阳辐射透过玻璃罩被海水吸收,为增加吸收效率,盛海水的底盘可涂成黑色。产生的蒸汽在透明度较高的玻璃上冷凝而得到淡水。

这种方法节省能源,设备简单;缺点是装置占地面积大,受地区及气候条件的影响,单位面积淡水产量较低。由于太阳能免费,因此它的经济效益十分显著。

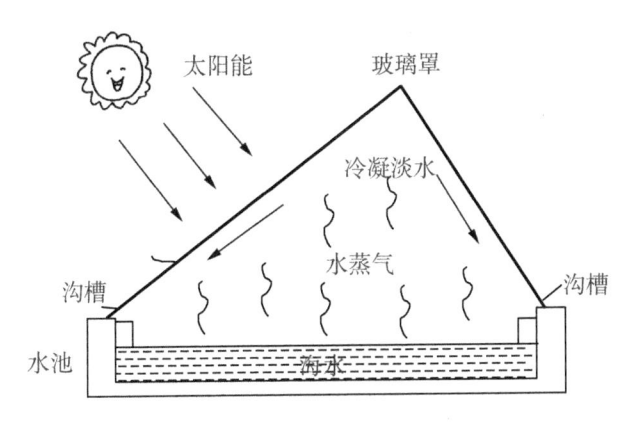

图 10.3 太阳能蒸馏原理示意图

10.4.2 电渗析法

电渗析法是 20 世纪 50 年代发展起来的一项海水淡化技术。由于应用了合成的具有选择透过性的离子交换膜,才使电渗析法海水淡化成为可能。在海水中,钠是带正电的离子,氯是带负电的离子,如果溶液进入电场,则所有离子就开始按自己的带电性质运动,带正电的离子 Na^+ 跑向阴极,带负电的离子 Cl^- 跑向阳极,如图 10.4 所示。

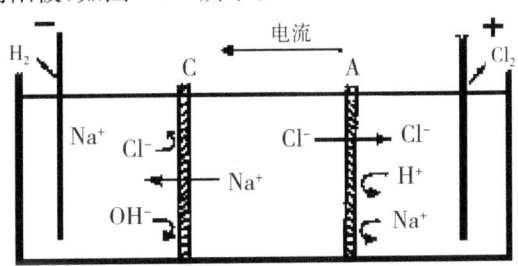

图 10.4 使用离子交换膜的电渗析淡化示意图

图中的 C 为阳离子交换膜,A 为阴离子交换膜(简称阳膜、阴膜),阳膜只允许阳离子透过,阴膜只允许阴离子透过。阳膜 C 和阴膜 A 将一容器分成三个隔室,两端室中插入两个惰性电极,容器中充满了海水溶液,在直流电场作用下,Na^+ 和 Cl^- 分别透过阳膜和阴膜,离开中间隔室,但两端电极室中的离子却不能进入中间隔室,结果使中间隔室溶液中的离子含量随着电流的通过而逐渐降低,最后可降低到所要求的含盐量,达到淡化的目的。这

| 147

就是电渗析淡化海水的原理。

10.4.3 反渗透法

反渗透法是指借助一定的推动力（如压力差、温度差等），迫使液体混合物的某一或某些溶剂组分通过适当的半透膜（只允许溶剂透过，不允许溶质透过的膜），而"阻留"某一或某些溶质组分的过程，是渗透的逆过程，一种分离、提纯和浓缩的手段。

1. 渗透和渗透压

如图 10.5(a)、(b)所示。当用只允许溶剂透过、不允许溶质透过的半透膜，使海水和纯水（或两种不同浓度的溶液）分隔开时，纯水便通过半透膜扩散到海水一侧（或溶剂从低浓度溶液一侧扩散到高浓度溶液一侧），结果使海水（或浓溶液）一侧的液面逐渐升高，直至达到一定高度时为止。这种现象的原因是海水本身存在着渗透压。

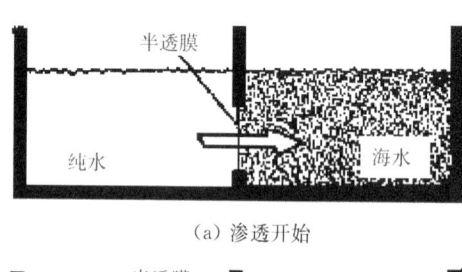

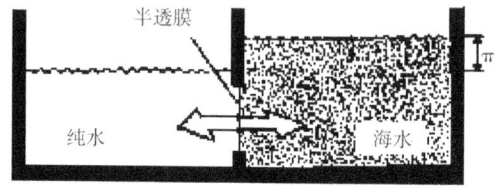

(a) 渗透开始

(b) 渗透平衡

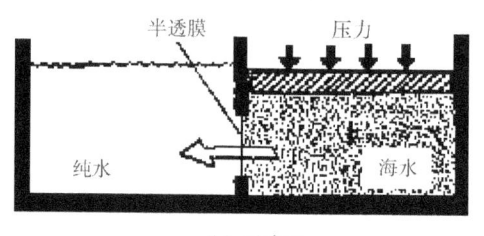

(c) 反渗透

图 10.5 渗透和反渗透原理图

2. 反渗透

渗透是自发的过程,而反渗透则是非自发过程。例如,在海水这边外加一个比海水的渗透压还大的压力,海水中的淡水成分又会通过半透膜"渗透"到淡水一边,外加的压力越大,渗透过去的淡水量也就越多,如图 10.5(c) 所示。人们就是利用这种原理来淡化海水的。通常所指的反渗透,就是以压力作为推动力,因为这种方法与自然渗透相反,故取名"反渗透"淡化法。

反渗透淡化的关键是选择性能优良的渗透膜,这将直接影响到反渗透装置的脱盐效果和淡化的产量。要求膜具有较高的脱盐能力、较大的透水性、机械强度好、在一定压力和拉力作用下不致发生变形和裂纹、结构均匀、具有足够的化学稳定性、有较长的使用寿命等。反渗透法的优点是设备简单、占地少、操作方便、效率高、无须加热、能量消耗少、适应性强、应用范围广。

10.4.4　冷冻法

清洁水一般在 0℃ 时就可以结冰,含有杂质的水的冰点却在 0℃ 以下。海水不同于淡水,淡水有固定冰点,海水随着冰的析出,盐分在逐渐增加,所以海水没有一定的冰点。盐度为 35 度的海水在 −1.9℃ 时开始结冰。开始结冰时,绝大部分盐分留在水中,结出的冰其中盐分很少。如此获取淡水的方法叫作冷冻法。因此,冬天当气温降至 0℃ 时,清水就会从混浊的水中析出而首先结成冰。在大气压下,普通冰的结晶形状,是有规律的对称性的六角晶系的晶体。因此,海水在结冰时,溶解在海水中的盐分就会排除在冰晶的成长界面之外。

10.5　海水提钾、提铀

10.5.1　海水提钾

世界上陆地的钾盐主要分布在加拿大、俄罗斯、白俄罗斯等国,总储量几乎占了世界钾盐储量的 90%。正是在这种背景下,一些海洋国家对海水提钾不懈探求,但是总体上,陆地钾矿丰富,国际市场价格便宜,从海水直接提钾发展缓慢。钾的用途主要为：作为肥料，促进代谢、增强植物的抵抗能力、肥效快，并能被土壤吸收、不易流失；用于制钾玻璃（亦称为硬玻璃），该玻璃（无色、难于熔化、不易腐蚀）常用于制造化学仪器和装饰品等；钾亦可以制造软皂和医药等方面的洗涤剂或消毒剂。

我国是钾肥短缺的国家之一，仅沿海农业区就有3亿亩农田严重缺钾，特别是华南地区，其缺钾耕地面积占45.1%。我国钾肥的年产量为6万~7万t，1990年的需求量就近250万t（按K_2O计算），2000年的需求量为360万t。

海水钾的总含量约为500万亿t，远远超过"钾石盐"等矿物的储量。但是，海水中含钾浓度低，仅为380 mg/L，用以生产钾肥成本很高，因此长期以来只有利用生产食盐后的"苦卤"，小量生产钾盐。专家们想方设法寻找有效的吸附剂，目的是富集海水中的钾，但均未获得重大突破。原因或是由于富集容量偏低，或是缺乏成功的"解吸剂"。

我国研究人员也曾利用天然沸石等吸附剂吸附海水中的钾，但大都停留在实验室和扩大试验阶段，离商业应用还相差很远。20世纪80年代中期，我国专家建立了"半冠合多齿配体"型结合概念，并进行分子设计，合成了一系列具有"半冠醚"性能的分子，创造了多种类型的钾吸附剂，用于海水及海水型地下卤水体系提钾，取得了较好的效果。

方法：蒸发结晶（以制盐后的浓海水为原料）、化学沉淀、离子交换、萃取和吸附等，蒸发结晶为较为成功的生产方法。

10.5.2　海水提铀

铀裂变时能释放出巨大的能量，1 kg铀所包含的能量约等于2 500 t优质燃烧的煤所释放的能量，也相当于20多万人一天的劳动量，铀是原子能工业的重要原料，广泛用于原子弹和氢弹、核潜艇动力、发电站等。铀在陆地上的储量并不多，有开采价值的为100万t左右（也有说200万t）。于是海水提铀研究在20世纪70年代发展起来，到70年代末已有相当规模。

尽管海水中的铀含量仅为3.3 μg/L，但是，铀的总含量达到40多亿t。因此，海水可望成为原子能时代的支柱。海水提铀的主要方法有吸附法、生物富集法、气泡分离法，此外还有溶剂萃取法等。

1. 气泡分离法

将气泡送入溶液中,利用构成气泡的物质能与海水中的铀发生化学作用,溶液中的物质被气泡吸附,这种分离方法叫气泡分离法。这是近几年发展起来的一种方法。其原理是利用构成气泡的物质能与海水中的铀发生化学作用,这样海水中的铀就富集在气泡上,而气泡容易与海水分开,于是铀就提取出来了。这种方法的缺点是需要外加捕集剂和用动力鼓泡,这在工程上难以做到,目前该方法还局限于实验室范围内。

2. 生物富集法

人们发现许多海洋生物有富集某些化学元素的能力,例如牡蛎体内锌的含量比海水大3.3万倍,一些浮游生物富集的铀的浓度比海水大1万倍,如果把一种经过筛选和专门培养的绿藻放在海水中,在其生长过程中经X光照射,铀就可以不断地被富集于藻体中,此方法的优点是选择性好、获得容易、价格便宜、使用方便,而且没有废物。这是一种新方法,如使其与海水接触,可以制成"海藻过滤笼",将其下放在海流中,100 m^2 的过滤笼每天可以处理100万t海水。前联邦德国还在海水里培养了些特殊的吸铀海藻,铀被吸附在海藻上,采用离子交换法再把铀从藻类中分离出来。此外,日本还制造了一种特殊的过滤器,它们可以过滤出海水中所含的极其微小的铀离子。

3. 吸附法

这种方法吸铀量较高,是最有希望的一种方法,许多国家都在研究。吸附法是选择合适的吸附剂,放到海水中,吸附剂将铀吸附,进而可以提取铀。目前使用的无机吸附剂就有几百种,主要有钛、铝、锌、锰、铁、铅等的氧化物、氢氧化物和碳酸盐。1 g氢氧化钛吸附剂能吸附1.55 mg铀。人工合成的有机吸附剂有间苯二酚砷酸树脂、砷酸-羟基芳香环纤维聚合体等。有机吸附剂吸附能力强,但生产成本高。

4. 萃取法

这种方法是用有机溶剂靠重力分离铀的溶剂提取法,是一种早期方法,极不经济,对于含铀浓度如此小的海水收效不大。

10.6 海水的综合利用

从海水中提取元素,当前有三个途径:一种是从苦卤水中提取;另一种是直接从海水中提取;还有一种是从淡化浓缩水中提取。

海水综合利用的发展趋势是:原子能发电废热用于海水淡化(蒸馏法)、从淡化排出的浓海水中分离提取各种物质,从而降低整体资源利用的成本。从各种化学物质的提取工艺看,每提取一种物质后,海水都要经过一些处理,都要发生一定的变化(例如:温度、酸碱度等),而这些变化又往往可以成为生产其他物质的有利条件,所以把海水抽吸到工厂以后,按一定的合理顺序多生产一些产品,会节省能源、材料和资金。从技术上看综合利用是最合理的。

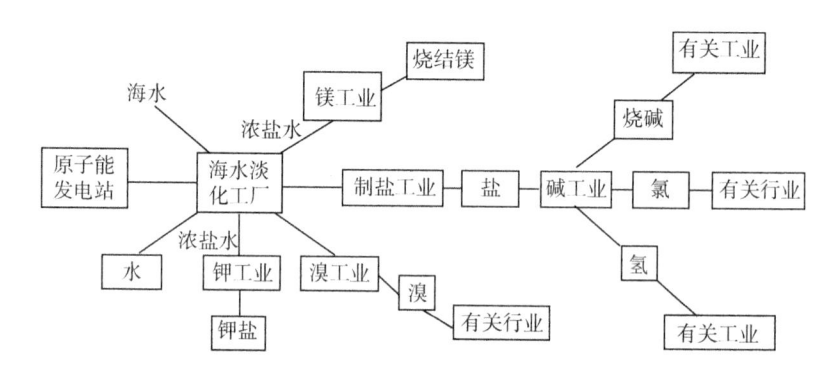

图 10.6　海水综合利用联合企业

此外海水还可以(代替淡水)直接利用在以下方面:一是工农业生产,二是解决部分生活用水。由于沿海城市工业用水占城市用水的80%,而工业冷却水占工业用水的80%,海水在工业生产中除作溶剂、除尘外,主要是作冷却水,其占海水总利用量的90%;在农业上,海水可用于沿海盐碱地农作物灌溉;城市用水中,冲厕用水占35%,海水可替代淡水用于生活(主要是冲厕、冲道路、消防用水等)。海水农业灌溉在粮、菜、果及其他经济作物种植方面已取得可喜成果。继美国科研人员成功地研究出毕氏海蓬子SOS-7,并大面积种植后,意大利利用海水浇灌白菜、甜菜,俄罗斯、日本用海水灌溉苜蓿,以色列用海水浇灌山地的果树、花生等都获得成功。最近,沙特东部海岸拉斯拉玛尔地区在利用海水浇灌海蓬子方面已取得新突破，为合理开发沿海地带展示了光明的前景。

思考题

1. 简述海洋化学资源对我国现代化建设的意义。
2. 论述海水淡化的主要方法及各自特点。
3. 简述海水制盐，海水提镁、溴的技术路线。
4. 如何最大限度地进行海水资源的综合利用。
5. 我国海洋资源开发面临的主要问题有哪些？

参考文献

[1] 段晓勇,孔祥淮,印萍,等.全球海洋地球化学调查进展[J].海洋地质前沿,2020,36(7):1-10.

[2] 洪华生.中国区域海洋学——化学海洋学[M].北京:海洋出版社,2012.

[3] 蓝先洪.海洋地球化学若干领域的研究进展[J].海洋地质动态,2002,18(4):6-10+18.

[4] 刘永刚,何高文,姚会强,等.世界海底富钴结壳资源分布特征[J].矿床地质,2013,32(6):1275-1284.

[5] 秦建华,潘桂棠,杜谷,等.新生代气候变化与陆地硅酸盐岩风化和海洋 Sr 同位素研究[J].矿物岩石,2002,22(1):31-35.

[6] 王丽艳,李广雪.古气候替代性指标的研究现状及应用[J].海洋地质与第四纪地质,2016,36(4):153-161.

[7] 许东禹.大洋矿产地质学[M].北京:海洋出版社,2013.

[8] 于淼,邓希光,姚会强,等.世界海底多金属结核调查与研究进展[J].中国地质,2018,45(1):29-38.

[9] 赵其渊.海洋地球化学[M].北京:地质出版社,1989.

[10] 中国大百科全书出版社编辑部.中国大百科全书(大气科学 海洋科学 水文科学)[M].中国大百科全书出版社,1987.

[11] AZAMI K, HIRANO N, MACHIDA S, et al. Rare earth elements and yttrium (REY) variability with water depth in hydrogenetic ferromanganese crusts[J]. Chemical Geology, 2018, 493:224-233.

[12] BOWEN G J, JASON B W, JURIAN H. Isoscapes: isotope mapping and its applications[J]. Journal of Geochemical Exploration, 2009, 102(3):5-7.

[13] HENS T, BRUGGER J, ETSCHMANN B, et al. Nickel exchange between aqueous Ni(Ⅱ) and deep-sea ferromanganese nodules and crusts[J]. Chemical Geology, 2019, 528:119276.

[14] NAIPAL V, REICK C, VAN OOST K, et al. Modeling long-term, large scale sediment storage using a simple sediment budget approach [J]. Earth Surface Dynamics, 2016, 4(2):407-423.

[15] SMITH D B, SMITH S M, HORTON J D. History and evaluation of national-scale geochemical data sets for the United States[J]. Geoscience Frontiers, 2013, 4(2):167-183.

[16] STEINBERG D K, LANDRY M R. Zooplankton and the ocean carbon cycle[J]. Annual Review of Marine Science, 2017, 9:413-444.

[17] STEVEN D'H, POCKALNY R, FULFER V M, et al. Subseafloor life and its biogeochemical impacts[J]. Nature Communications, 2019, 10(1):1-13.

[18] STRACKE A, BIZIMIS M, SALTERS V J M. Recycling oceanic crust: Quantitative constraints[J]. Geochemistry Geophysics Geosystems, 2003, 4(3):8003.

[19] SUJITH P P, GONSALVES M J B D, BHONSLE S, et al. Bacterial activity in hydro-genetic ferromanganese crust from the Indian Ocean: a combined geochemical, experimental and pyrosequencing study[J]. Environmental Earth Sciences, 2017, 76(5):191.

[20] 张正斌. 海洋化学[M]. 青岛:中国海洋大学出版社, 2004.

[21] 张正斌, 陈镇东, 刘莲生, 等. 海洋化学原理和应用——中国近海的海洋化学(上、下册)[M]. 北京:海洋出版社, 1999.

[22] 张正斌, 顾宏堪, 刘莲生, 等. 海洋化学(上、下册)[M]. 上海:上海科学技术出版社, 1984.

[23] 张正斌, 刘莲生. 海洋物理化学[M]. 北京:科学出版社, 1989.

[24] 陈镇东. 海洋化学[M]. 台北:茂昌图书有限公司, 1994.

[25] 郭锦宝.化学海洋学[M].厦门:厦门大学出版社,1997.

[26] 任玲,张曼平,李铁,等.胶州湾内外海水中营养盐的分布[J].青岛海洋大学学报,1999,29(4):692-698.

[27] 张水浸,杨清良,邱辉煌,等.赤潮及其防治对策[M].北京:海洋出版社,1994.

[28] 顾宏堪.渤黄东海海洋化学[M].北京:科学出版社,1991.

[29] E.K.德斯马,R.道森.海洋有机化学[M].纪明候,钱佐国,等译.北京:海洋出版社,1992.

[30] 刘文臣,王荣.海水中颗粒有机碳研究简述[J].海洋科学,1996(5):21-23.

[31] 吴瑜端.海洋环境化学[M].北京:科学出版社,1982.

[32] 王江涛,谭丽菊.海水中溶解有机碳测定方法评述[J].海洋科学,1999(2):26-27.

[33] 佩特科维茨.平衡、非平衡和天然水[M].张正斌,刘莲生,郑士淮,等译.北京:海洋出版社,1994.

[34] 陈学雷.海洋资源开发与管理[M].北京:科学出版社,2000.

[35] 孙玉善.海洋资源化学[M].北京:海洋出版社,1991.

[36] 王世昌.海水淡化工程[M].北京:化学工业出版社,2003.

[37] 中国海洋年鉴编辑部.中国海洋年鉴1999—2000[M].北京:海洋出版社,2001.